E. Bahn/D. Eich/M. Körschens/
A. Pfefferkorn

100 Jahre Agrar- und Umweltforschung
Bad Lauchstädt

UFZ – Umweltforschungszentrum Leipzig–Halle GmbH

Das Umweltforschungszentrum Leipzig–Halle wurde zu Beginn des Jahres 1992 vom Bundesministerium für Bildung, Wissenschaft, Forschung und Technologie (BMFT), dem Freistaat Sachsen und dem Land Sachsen-Anhalt gegründet. Es ist eine von 16 Großforschungseinrichtungen in Deutschland, die erste, die sich ausschließlich mit Umweltforschung befaßt.

Am UFZ werden in interdisziplinärer Forschung Theorien und Methoden erarbeitet und weiterentwickelt, die der Regenerierung stark belasteter und der Erhaltung naturnaher Landschaften dienen. Daraus sollen Empfehlungen für die Praxis abgeleitet und somit Entscheidungen von Behörden und Unternehmen – etwa über Sanierungsmaßnahmen oder die Entwicklung von Umwelttechnologien – erleichtert werden.
Die Komplexität unserer Umwelt findet im UFZ ihren Ausdruck in einem sehr breit gefächerten Forschungsspektrum. Es gibt auf der einen Seite zwölf wissenschaftliche Sektionen, deren Aufgaben vor allem im weiten Feld der Grundlagenforschung liegen. Auf der anderen Seite stehen vier landschaftsbezogene Projektbereiche, die die Arbeiten der Wissenschaftler aus den Sektionen in interdisziplinär angelegten Verbundprojekten fachlich und administrativ koordinieren.

Die Vielschichtigkeit ökologischer Probleme erfordert jedoch nicht nur fachübergreifende Zusammenarbeit im Rahmen des UFZ selbst, sondern auch mit Behörden, Universitäten und anderen Forschungseinrichtungen auf nationaler und internationaler Ebene. So gibt es gemeinsame Forschungsprojekte mit den Regierungspräsidien Leipzig und Halle zur Regeneration der stadtnahen Auenlandschaften und zum Naturpark Dübener Heide; gemeinsam mit der Universität Leipzig wurde ein Umweltmedizinisches Zentrum gegründet. Die Verbindung zur Industrie soll durch ein Umweltbiologisches Zentrum (UbZ) gestärkt werden, eine Gemeinschaftseinrichtung mit der DECHEMA Frankfurt a. M. Große Aufmerksamkeit gilt ebenso der Zusammenarbeit mit Wissenschaftlern Osteuropas. Es bestehen bereits enge Kontakte zu Universitäten und Forschungseinrichtungen in Estland, Polen, Rußland, der Tschechischen Republik sowie Ungarn.

100 Jahre Agrar- und Umweltforschung Bad Lauchstädt

Geschichte der Forschungsstätte von 1895 bis 1995

Von Dr. Erwin Bahn
Prof. Dr. Dietrich Eich
Prof. Dr. Martin Körschens
Dr. Albrecht Pfefferkorn

Springer Fachmedien
Wiesbaden GmbH 1955

Dr. Erwin Bahn
Bad Lauchstädt

Prof. Dr. Dietrich Eich
Bad Lauchstädt

Prof. Dr. Martin Körschens
UFZ – Umweltforschungszentrum Leipzig–Halle GmbH
Sektion Bodenforschung Bad Lauchstädt

Dr. Albrecht Pfefferkorn
Martin-Luther-Universität Halle–Wittenberg
Institut für Pflanzenzüchtung und Pflanzenschutz
Versuchsfeld Bad Lauchstädt

Gedruckt auf chlorfrei gebleichtem Papier.

Die Deutsche Bibliothek – CIP-Einheitsaufnahme

100 Jahre Agrar- und Umweltforschung Bad Lauchstädt:
Geschichte der Forschungsstätte von 1895 bis 1995 /
von Erwin Bahn ...

ISBN 978-3-8154-3518-2 ISBN 978-3-663-09189-9 (eBook)
DOI 10.1007/978-3-663-09189-9

NE: Bahn, Erwin; Hundert Jahre Agrar- und Umweltforschung
Bad Lauchstädt

Ursprünglich erschienen bei B. G. Teubner Verlagsgesellschaft Leipzig 1995

Umschlaggestaltung: E. Kretschmer, Leipzig

Vorwort

Die Forschungseinrichtung Bad Lauchstädt kann im Jahre 1995 auf ihr 100jähriges Bestehen zurückblicken.
Sie wurde am 1. Oktober 1895 von Prof. Dr. Max Maercker, einem hervorragenden Agrarwissenschaftler und Lehrer, als agrikulturchemische Versuchsstation gegründet. Das enge Zusammenspiel von landwirtschaftlicher Forschung und Praxis führte sie rasch an die Spitze der Agrarwissenschaften Deutschlands.
Es ist der Weitsicht einiger Wissenschaftler während der Jahrhundertwende zu verdanken, daß im Jahre 1902 der Statische Düngungsversuch angelegt wurde. Er gehört zu den bedeutendsten Dauerfeldversuchen der Welt und liefert auch heute der Agrar- und Umweltforschung wesentliche Erkenntnisse.
Einsatz und Engagement der Mitarbeiter sicherten über viele Jahrzehnte bis heute den Erfolg und guten Ruf der Forschungseinrichtung und ihren Fortbestand im wiedervereinigten Deutschland.
Mit der Integration der Forschungsstätte Bad Lauchstädt in das neugegründete Umweltforschungszentrum Leipzig-Halle traten ökologische Aspekte der Agrarforschung in den Vordergrund. Fragen zum Abbau von Schadstoffbelastungen im Boden, zur Kohlenstoff- und Stickstoffdynamik und damit zu Spurengasemissionen und Wechselwirkungen zwischen Boden und Atmosphäre, zur Bodenbiologie und Modellierung von Bodenprozessen haben für die Bodenforschung eine große Bedeutung.
Derartig komplexe Aufgaben erfordern interdisziplinäre Zusammenarbeit innerhalb des Umweltforschungszentrums sowie auf nationaler und internationaler Ebene.
Der Geschäftsführung des Umweltforschungszentrums ist es ein besonderes Anliegen, die Traditionen fortzuführen und die Arbeit vorangegangener Generationen zu würdigen. Der vorliegende Band soll dazu einen Beitrag leisten.

Bad Lauchstädt, Juni 1995

Peter Fritz
Martin Körschens

Inhalt

1 Vorgeschichte

Die agrikulturchemische Versuchsstation in Großkmehlen

In einer Zeit, in der man das Wort Versuchsstation kaum kannte, wurde im Oktober 1855 auf dem Gut des Landwirts Dr. Z. v. LINGENTHAL in Großkmehlen bei Ortrand, heute Kreis Senftenberg, die erste preußische agrikulturchemische Versuchsstation ins Leben gerufen. V. LINGENTHAL, Mitglied des Direktoriums des landwirtschaftlichen Zentralvereins der Provinz Sachsen, hat den günstigen Einfluß der ersten deutschen agrikulturchemischen Versuchsstation Leipzig-Möckern (gegründet 1852) aus nächster Nähe beobachtet. Er konnte den damaligen Minister für landwirtschaftliche Angelegenheiten v. MANTTEUFFEL von der Idee zur Errichtung einer Versuchsstation überzeugen.
Als Stationsleiter war der zuvor an der Versuchsstation Möckern tätige Dr. H. SCHEVEN berufen worden.
Die Versuchsstation in Großkmehlen, die sowohl Versuche in Gefäßen und Vegetationsversuche auf den verschiedene Bodenarten aufweisenden Feldern als auch Boden- und Futtermitteluntersuchungen sowie Fütterungsversuche durchführte, erregte mit ihren Versuchsergebnissen bald das Interesse vieler Landwirte. Aber ihre Wirksamkeit dauerte nicht lange. Schon im Oktober 1858 gab SCHEVEN seine Stellung auf.

Die Verlegung der Versuchsstation nach Salzmünde

Die trotz des kurzen Bestehens der Station in Großkmehlen bereits erzielten sehr beachtlichen Ergebnisse für Wissenschaft und Praxis befürworteten dringend die Weiterführung einer landwirtschaftlichen Versuchsstation. Aber die diesbezüglichen Ansichten und Vorschläge waren recht verschieden. So wurde zunächst erwogen, eine zweite Versuchsstation bei Magdeburg einzurichten. Dann aber gewannen die zuerst von v. LINGENTHAL geäußerten, aber damals von entscheidender Stelle nicht akzeptierten Ideen, die Versuchsstation in oder ganz nahe der Universitätsstadt Halle einzurichten, immer mehr an Gewicht. Jedoch waren die finanziellen Mittel nicht vorhanden. Von dem neuen Minister Graf PÜCKLER konnten keine Mittel aus den Staatsfonds bereitgestellt werden.
Da erbot sich der Landwirt J. G. BOLTZE in Salzmünde bei Halle a.S. die Station auf seinem Gut aufzunehmen. Am 1. November 1859 wurde die agrikulturchemische Versuchsstation von Großkmehlen nach Salzmünde verlegt und die Leitung der Station dem Chemiker Dr. H. GROUVEN übertragen.

Die Verlegung der Versuchsstation nach Halle

Trotz einer erfolgreichen Entwicklung waren auch dieser Versuchsstation nur sechs Jahre Tätigkeit beschieden.

Am 1.11.1865 erfolgte die Umsiedlung nach Halle. Hier fand sie zunächst in einem gemieteten Haus in der Sophienstraße, das Prof. J. KÜHN als dessen Besitzer uneigennützig bereitgestellt hatte, eine Unterkunft. Die Leitung der nach hier verlegten Station hatte Dr. F. STOHMANN übernommen, der zuvor Leiter der Agrikulturchemischen Versuchsstation in München war.

Die Versuchsstation unter MAERCKERs Leitung

Als Prof. Dr. M. MAERCKER im Jahre 1872 die Versuchsstation übernahm, befand sie sich noch in den Räumen ihrer Übersiedlung von Salzmünde. Das Personal bestand aus dem Direktor, drei Assistenten und einem Diener.

Schon im Jahre 1875 erwiesen sich die bis dahin benutzten gemieteten Räume der Station als unzureichend. Man kaufte eine geeignete Baustelle in der Karlstraße 10 (heute H.- und Th.-Mann-Straße 19) in Halle, wo 1876 das fertiggestellte Stationsgebäude endlich bezogen werden konnte (Abb. 1).

Abbildung 1 Stationsgebäude in der Heinrich-und-Thomas-Mann-Str. in Halle

Unter der Leitung MAERCKERs wurde das Versuchs- und Untersuchungswesen ständig vergrößert. Daher mußte den Räumen des neuen Gebäudes 1884 ein Erweiterungsbau angeschlossen und im Jahr 1892 nochmals ein Anbau der Station errichtet werden.
Für die gesamte Forschungstätigkeit war eine auf einem 1888 erpachteten Grundstück in der Flur Diemitz bei Halle errichtete Vegetationsstation besonders wichtig (Abb. 2).

Abbildung 2 Vegetationsstation in Diemitz bei Halle/S., errichtet 1888

Hier wurden vor allem Gefäßversuche im Vegetationshaus durchgeführt, u.a. um zu untersuchen, ob eine Analyse des Bodens durch die Pflanze möglich ist. Zum Grundstück der Vegetationsstation gehörte ein ein Hektar großes Feld für Freilandversuche. Diese bildeten im Forschungsprozeß eine Zwischenstufe von Gefäß- und Feldversuchen. Auf den Parzellen der Freilandversuche erfolgte die Bestellung nach den Regeln des praktischen Pflanzenbaues. Die neuen Erkenntnisse in der Pflanzenernährung, vor allem begründet durch C. SPRENGEL und J. v. LIEBIG, und die praktische Beweisführung durch Versuche bewirkten in der 2. Hälfte des vorigen Jahrhunderts einen gewaltigen Aufschwung in der Anwendung von und im Handel mit mineralischen Düngemitteln.
Bald schon nach den ersten Jahren von MAERCKERs Amtsantritts, nämlich 1875/76 erfolgte eine planmäßig organisierte Durchführung von Felddüngungsver-

suchen in 15 verschiedenen landwirtschaftlichen Betrieben. Sie bildeten ein weit verzweigtes Netz über die gesamte Provinz Sachsen und forderten viele persönliche Opfer an Zeit und Geld von den Betriebsleitern, die diese Versuche durchführten. Die erzielten Versuchsergebnisse haben die damals fest eingewurzelten Vorurteile, Kartoffeln keinen Mineraldünger und Zuckerrüben keinen Chilesalpeter (wegen Depressionen im Zuckergehalt) zu geben, bald beseitigt.
Das Prinzip GROUVENs, Versuche mit derselben Fragestellung an mehreren Orten über mehrere Jahre sozusagen als Versuchsserie durchzuführen, hat MAERCKER überzeugend demonstriert und weiterentwickelt. Zugleich wurde die Wirkung der in Versuchen abgestuften agrotechnischen Maßnahmen auf die Qualität der Ernteprodukte gründlich im Laboratorium analysiert und im Ergebnis interpretiert.
Auch in Fragen der Tierernährung gab es Fortschritte, die von MAERCKER veranlaßt worden waren.

2 Gründung der Forschungsstätte

2.1 Gründung der Forschungsstätte und erste Versuchsjahre

Im Jahre 1893 unternahm MAERCKER eine dreimonatige Reise (Ende Juli bis Ende Oktober) zusammen mit dem ihm befreundeten Ministerialdirektor THIEL in die USA und besuchte die Chicagoer Weltausstellung. Er studierte die dortigen landwirtschaftlichen Verhältnisse und berichtete über diese in den folgenden zwei Publikationen:

1. Die Landwirtschaft in Deutschland und Amerika
2. Amerikanische Landwirtschaft und landwirtschaftliches Versuchs- und Untersuchungswesen.

In seiner ersten Schrift findet man den folgenden, heute noch ebenso wichtigen Satz:

> *"In der Massenhaftigkeit der Produktion werden wir niemals die Amerikaner schlagen können; wir können solches nur, indem wir uns bestreben, die edelste Qualität auf allen Gebieten zu erzeugen und damit Vorzugspreise zu erzielen und dieses Streben wird voraussichtlich in der nächsten Zeit die Hauptrichtung unserer Arbeit sein können."*

Diese Worte, Agrarprodukte von edelster Qualität zu erzeugen, haben für Deutschland besondere Bedeutung, um im Rahmen der EU konkurrenzfähig zu sein, zumal von der Qualität der Ernten auch die Volksgesundheit unmittelbar abhängt.
MAERCKER zieht mit lebhaft klaren Gedanken Parallelen zwischen deutscher und amerikanischer Landwirtschaft. In seiner zweiten Schrift behandelt er u.a. die von ihm in den USA besichtigten landwirtschaftlichen Versuchsstationen. Nicht alles davon erschien ihm nachahmenswert. Beeindruckt hatte ihn aber, daß diese Versuchsstationen fast regelmäßig mit einer Experimentierfarm verbunden waren.
Die Reise in die USA war jedoch nicht der alleinige Grund für die Gründung der Versuchswirtschaft. Schon MAERCKERs Vorgänger, GROUVEN, hatte geäußert, daß eine agrikulturchemische Versuchsstation mit einem Landwirtschaftsbetrieb verbunden sein müsse, um die Ergebnisse der Forschung unmittelbar in der Praxis zu erproben. So war auch bei MAERCKER der Gedanke, seiner Versuchsstation eine Versuchswirtschaft anzuschließen, nicht neu. In diesem Vorhaben wurde er jedoch durch seine Reise in die USA bestärkt. Ein weiterer Grund für die Einrichtung einer Versuchswirtschaft war für ihn die wirtschaftliche Lage der Landwirte, die sich infolge der langfristigen Agrarkrise (letztes Viertel des 19. Jahrhunderts), insbesondere den Preissturz, der durch die Importe landwirtschaftlicher Produkte verursacht wurde, zunehmend verschlechtert hatte. Obwohl Landwirte der Provinz Sachsen

sehr rege und mit viel Freude an der von MAERCKER veranlaßten Feldversuchsdurchführung mitgewirkt hatten, wollte MAERCKER seine Landwirte nicht mehr so stark für die Versuche in Anspruch nehmen. Feldversuche verursachen beachtliche Kosten und Mühe, bringen oft keinen unmittelbaren Nutzen, gelegentlich eher Schaden für den Versuchsansteller in der Praxis, denn in Versuchen können oder müssen nicht selten die Fehler gemacht werden, denen die Praxis ausweichen muß, um Ursache und Wirkung klarzulegen. Er vertrat aber auch die Meinung, daß die Arbeit praktischer landwirtschaftlicher Versuchstätigkeit in der Zeit wirtschaftlicher Depressionen nicht fehlen darf.
MAERCKERs Idee der "Gründung einer landwirtschaftlichen Versuchswirtschaft" war so überzeugend und klar, daß sie bei allen übergeordneten Dienststellen sofort Anklang fand. Auch der damalige Landwirtschaftsminister war mit seinen diesbezüglichen Plänen sogleich einverstanden und Dr. hc. M. v. ZIMMERMANN war gern bereit, von seiner Domäne in Bad Lauchstädt 50 Hektar Land und fünf Hektar Wiese für Versuchszwecke zur Verfügung zu stellen.

Hochgeehrter Herr Geheimrath!

Mein Anerbieten für Versuchszecke 200 Morgen nebst Gehöft von der Domäne Lauchstedt herzugeben halte ich nach wie vor aufrecht und habe mein Interesse an dem Projekt auch insofern schon weiter bethätigt, dass ich mich mit meinem jetzigen Departementsrath Regierungsrath Müller in Merseburg darüber in Verbindung gesetzt und ihm die Sache plausibel zu machen gesucht habe, damit er nicht etwa seinerseits durch Bedenklichkeiten Verzögerungen verursacht. Für das Unternehmen schon noch grössere finanzielle Opfer zu bringen wird mir freilich solange nicht möglich sein, als die Lage der Landwirthschaft eine so bedrängte bleibt, aber im Uebrigen können Sie meiner Mitwirkung durch Rath und That versichert sein und es soll mich aufrichtig freuen zu dem Gelingen des Werks, an das Sie so freudige Hoffnungen knüpfen auch meinerseits etwas beitragen zu können.
Was die Melassekleie betrifft so habe ich bei den Schafen damit bereits erfreuliche Erfolge erzielt; die Zunahme ist bis jetzt eine ganz überraschende und ich hoffe, dass es auch fernerhin dabei bleiben wird. Beim Rindvieh habe ich damit noch keine Versuche gemacht, da hier die Melasse jetzt noch mit der Schlempe gemischt wird. Ich würde mich sehr freuen, von Ihnen gelegentlich eine genauere Bewerthung dieser Futtermischung zu erhalten. Nach meiner Ueberzeugung müssen doch die darin enthaltenen ca. 25 % Rohrzucker einen sehr viel höheren Nährwerth repräsentiren, als die übrigen noch nicht in Zucker verwandelten Kohlenhydrate, die sich sonst noch darin vorfinden.
Ihrem für Ende des Monats angekündigten Besuche sehe ich mit grossem Vergnügen entgegen und hoffe mich von einem möglichst erfreulichen Erfolge Ihrer Cur überzeugen zu können.
Ich benutze diese Gelegenheit meinen herzlichsten Glückwünsch zur Verlobung Ihrer Tochter Fräulein Tochter noch einmal zu wiederholen und verbleibe mit freundschaftlichem Gruss

Ihr ergebener M. v. Zimmermann

Abbildung 3 Brief von v. ZIMMERMANN an MAERCKER vom 17. April 1895

Am 1. Oktober 1895 wurde die Versuchswirtschaft Bad Lauchstädt von MAERCKER ins Leben gerufen. Er hatte als Leiter der agrikulturchemischen Versuchsstation in Halle schon über zweieinhalb Jahrzehnte seine wissenschaftliche Forschung weitestgehend auf die Belange der landwirtschaftlichen Betriebe ausgerichtet. Als Aufgabe der neu zu errichtenden Versuchsstation formulierte er: "Die Ergebnisse der wissenschaftlichen Forschung durch die Praxis eines größeren Betriebes zu erproben" und "die gewonnenen Resultate in die große Praxis" einzuführen (siehe: Denkschrift vom 13.9.1895 im ersten Bericht über die Versuchswirtschaft Lauchstädt).
Die wissenschaftliche Arbeit der Lauchstädter Versuchswirtschaft basierte auf einem sorgfältig entworfenen und beratenen Versuchsprogramm mit im wesentlichen vier Schwerpunkten:

1. Feldversuche als Düngungs- und Sortenversuche auf größeren Flächen
2. Versuche über die Behandlung des Stalldüngers
3. Spezielle Prüfung der Wirkung verschieden gewonnen und behandelten Stalldüngers sowie Gründüngung auf kleineren Parzellen
4. Fütterungsversuche

Eine große Anzahl von Einzelversuchen nach den vorstehenden vier Kriterien wurde schon bald nach der Gründung der Versuchswirtschaft angelegt.

2.2 Versuchstätigkeit

In den ersten Versuchsjahren überwog bei den Feldversuchen die einfaktorielle Fragestellung. Allerdings wurden vom ersten Versuchsjahr an vereinzelt auch schon mehrfaktorielle Versuche durchgeführt, wie z.B. 1896 der folgende 3faktorielle Versuch.

Prüffaktoren und -stufen:

A - Sorten	**B** - Stickstoffdüngung	**C** - Kalidüngung
a_1	b_1 - ohne	c_1 - ohne Kainit
.	b_2 - 100 kg/ha Chilesalpeter	c_2 - 600 kg/ha Kainit
.	b_3 - 200 kg/ha Chilesalpeter	
a_6	b_4 - 30 kg/ha N in Peruguano	

Düngungsprobleme standen und stehen auch heute noch im Vordergrund aller Untersuchungen, insbesondere das Zusammenwirken von organischer und mineralischer Düngung. Außerdem wurden vom ersten Versuchsjahr an bis zum Jahre 1969 lückenlos Sortenversuche durchgeführt, und zwar in den ersten Jahren überwiegend

mit Getreide, teils mit Kartoffeln sowie Zucker- und Futterrüben, aber nicht mit Futterpflanzen.
Schon frühzeitig hatte MAERCKER erkannt, daß eine kurzfristige Versuchsplanung und -durchführung nicht immer ausreicht, um exakte Ergebnisse für die Ableitung von Maßnahmen in der Praxis zu erzielen. Deshalb wurde schon in den Jahren von 1898 bis 1902 in einem Dauerversuch das Zusammenwirken von differenzierten Stalldungmengen und -formen mit gestaffelten Mineraldüngergaben geprüft. Die Ergebnisse dieses Versuchs konnten von Prof. Dr. W. SCHNEIDEWIND und GRÖBLER bei der **Anlage des weltbekannten "Statischen Düngungsversuchs" im Herbst 1902** genutzt werden. Ziel dieses Versuches, der im wesentlichen bis heute weitergeführt wurde, ist die Prüfung des Einflusses organisch-mineralischer Düngung auf den Ertrag, die Qualität der Ernteprodukte und den Fruchtbarkeitszustand des Bodens.
Bald schon wurde neben der Nährstoffmangelwirkung die Frage nach der Höhe der Düngergaben und ihrer zeitlichen Verteilung untersucht. Bei Nährstoffmangelversuchen waren es meist nur zwei Stufen, neben der normalen (seinerzeit ortsüblichen Düngung) war noch eine höhere Stufe gewählt; dabei ist öfters schon die Frage nach der Rentabilität dieser Düngungsmaßnahme gestellt und z.T. auch beantwortet worden (s. Abschn. 4.2.) .
Zur Ergänzung und Prüfung unter anderen Standortverhältnissen wurden in einer Anzahl bäuerlicher Betriebe der Provinz parallele Feldversuche auf verschiedenen Bodenarten angelegt und die Landwirte zu Berichten über den Anbau von an sie gelieferten Sorten veranlaßt.
Auf dem ehemaligen LAUTERBACHschen Grundstück in Bad Lauchstädt wurden viele wertvolle Fütterungsversuche mit Kühen, Ochsen, Schweinen und Schafen und weiterhin zahlreiche Stalldung-Lagerungsversuche durchgeführt.
Die Aufsicht über die Versuchswirtschaft oblag einem Kuratorium bestehend aus folgenden Personen: Amtsrat W. RIMPAU-Schlanstedt als Vorsitzender, Landwirt v. LINGENTHAL-Großkmehlen und Gutsbesitzer WALTER-Kleinkugel. Seit Beginn des Jahres 1902 gehörte auch Amtsrat ZIMMERMANN-Benkendorf zum Kuratorium. MAERCKER hat das Ansehen der damals jungen Versuchswirtschaft hervorragend gefördert, so daß man sie zur Nachahmung empfahl und auch anderenorts errichtete, z.B. in Posen-Jersitz und Königsberg (1900 und 1901).
Zuerst war der Administrator der Domäne auch technischer Leiter der Versuchswirtschaft; die Arbeiter und Zugtiere wurden von der Domänenverwaltung gegen Entschädigung gestellt. Doch bald erwies sich diese Verfahrensweise als unzweckmäßig, da die Leute und Gespannkräfte stets dann auf der Domäne dringend gebraucht wurden, wenn sie die Versuchswirtschaft ebenso dringend benötigte. Deshalb hat sich die Versuchswirtschaft bereits nach zwei Jahren, im Herbst 1897 völlig selbständig gemacht, indem die Versuchstätigkeit von der Domänenbewirtschaftung abgetrennt wurde. Diese Trennung erwies sich als Voraussetzung für eine geordnete Versuchsdurchführung.

In den ersten Jahren des Bestehens der Versuchwirtschaft sind in den Sommermonaten jährlich über 2 000 Besucher (oft aus verschiedenen Ländern) zur Besichtigung der Versuchsflächen nach Bad Lauchstädt gekommen. Während der Kriegsjahre (1914-1918) ging ihre Anzahl beträchtlich zurück und stieg danach wiederum beachtlich an.

2.3 Untersuchungs- und Kontrolltätigkeit

Nachdem die Untersuchung von Dünge- und Futtermitteln fast schon zur Regel geworden war, begannen Landwirte auch Sämereien zur Prüfung auf Keimfähigkeit, Verunreinigung und auf Verfälschung an die Versuchsstation einzusenden. Ausgelöst wurde diese Kontrolltätigkeit durch Prof. F. NOBBE-Tharandt. Er hat das große Verdienst, die erste Samenkontrollstation für Handelssämereien im Jahre 1869 in Tharandt (Sachsen) gegründet zu haben. Aber erst aufgrund einer amtlichen Bekanntmachung vom 11. Januar 1877 wurde auf Antrag von MAERCKER beschlossen, der Versuchsstation Halle a.S. eine Samen-Kontrollstation anzugliedern. Danach sollten die Lager von Samenhandlungen zwar nicht kontrolliert, wohl aber Samenproben - von Produzenten, Händlern und Konsumenten an die Station eingesandt - auf ihre Qualität untersucht werden können. Die Untersuchungen sollten sich erstrecken auf (a) die Keimfähigkeit und die Verunreinigung aller Art der Samen landwirtschaftlicher Kulturpflanzen, insbesondere von Gräsern, Leguminosen, Futter- und Zuckerrüben, Futterpflanzen und Handelsgewächsen und (b) auf die Bestimmung der Species bei Gräsern, Leguminosen und Futterkräutern.
Über "Die Entwicklung der Saatgutuntersuchungen" an der Agrikulturchemischen Versuchsstation Halle, in deren Berichten 1875 solche Untersuchungen erstmals erwähnt werden, hat W. BETHMANN (1956) berichtet. Überwiegend wurden Zukkerrübensamen sowie Klee- und Luzernesaaten untersucht, weniger Getreidesaatgut und sonstige Sämereien, und zwar in einzelnen ausgewählten Jahren folgende Anzahl von Proben:

Jahr	1875	1880	1885	1890	1895	1900
Saatgutuntersuchungen	15	216	470	547	2394	2768

Eine milchwirtschaftliche Abteilung (lt. Beschluß des Zentralvereins vom Dezember 1894 an der Versuchsstation in Halle zu errichten) wurde am 1. Januar.1895 ins Leben gerufen. Leiter wurde Dr. E. SCHÄFER, der zuvor Assistent am Hygienischen Institut der Universität Halle war. Aufgabe dieser Abteilung war zunächst die Untersuchung der Milch in den Molkereien und von Landwirtschaftsbetrieben auf den Fettgehalt, da die Bezahlung und Bewertung nach eben diesem Fettgehalt erfolgte. Zugleich sollte die Milchanalyse in den Dienst der Züchtung gestellt werden: Kühe mit geringem Milch-Fettgehalt waren von der Zucht auszuschließen, ebenso Bullen,

die von Kühen mit der Anlage einer fettarmen Milch abstammten.
Zwar waren Milch und Molkereiprodukte schon drei Jahre früher an der Versuchsstation untersucht worden, ab 1895 stieg der Umfang dieser Untersuchungen jedoch mehrfach, ging dann aber von 1898 bis 1900 infolge hoher Preise - 10 bis 15 Pfennige je Probe vor 1899, danach 40 Pfg. - deutlich zurück:

Jahr	1898	1899	1900
Milchuntersuchungen	37 308	28 886	23 340

Erwähnenswert sind noch die ab 1892 durchgeführten Untersuchungen über die zweckmäßigste Fütterung der Milchkühe. Durch versendete Fragebogen an die Genossenschafts-Molkereien verschaffte man sich Aufschluß über die damalige Fütterungsweise. Die mitgeteilten Futterrationen wurden von der Versuchsstation rechnerisch überprüft und erforderlichenfalls Ratschläge zur rationellen Fütterung gegeben. Die Auswertung des sehr reichhaltigen Materials ergab interessante Gesichtspunkte. Bei den meisten Landwirten war die Verwertung der in der Wirtschaft erzeugten Futtermittel, wie auch die Auswahl der Kraftfuttermittel, sehr unbefriedigend.
Die analytischen Untersuchungsmethoden im agrikulturchemischen Kontrollwesen waren - wenn auch nicht unzulänglich - so doch oft noch umständlich und zeitraubend. Es galt daher Methoden zu entwickeln, die bei geringem Aufwand an analytischer Arbeit die Untersuchung großer Mengen an Dünge- und Futtermitteln u.a. ermöglichen. MAERCKER und seine Assistenten waren bestrebt, die Untersuchungsmethoden zu verbessern. So hat er zusammen mit seinem Assistenten und Stellvertreter Prof. Dr. L. BÜHRING eine Methode zur Phophorsäurebestimmung in Phosphatdüngern entwickelt, die über die Jahrhundertwende angewendet, gegenüber der damals zu LIEBIGs Zeiten gebräuchlichen Molybdänmethode, nur den halben Aufwand erforderte. Um auch die Effektivität der analytischen Kontrolltätigkeit im allgemeinen zu erhöhen, sind MAERCKER und seine Assistenten für eine Vereinheitlichung der Untersuchungsmethoden in allen einschlägigen Laboratorien eingetreten.

2.4 Zusammenwirken von Agrarwissenschaft und -praxis

Der sehr beachtliche Einfluß, der vom Landwirtschaftlichen Institut der Universität Halle unter Leitung von KÜHN und von der agrikulturchemischen Versuchsstation in Halle, vor allem durch MAERCKER persönlich, auf die landwirtschaftliche Praxis der näheren und weiteren Umgebung von Halle ausging, hatte bewirkt, daß die Provinz Sachsen seitdem an der Spitze der Agrarwissenschaft und -praxis Deutschlands stand. Hier inmitten einer Landschaft mit hoch entwickelter Ackerkultur und tüchtigen Landwirten fielen die Lehren SPRENGELs, LIEBIGs und MAERCKERs bald auf fruchtbaren Boden. Es wird gesagt, daß in der Provinz Sachsen die Wiege aller Bodenkulturen gestanden hat (FELBER 1914, S. 213). Zielbewußt und eng gestaltete sich die Zusammenarbeit zwischen landwirtschaftlicher Forschung, einem für damalige Verhältnisse gut organisiertem Feldversuchwesen und praxisorientierter Beratung für die landwirtschaftliche Praxis. Die Landwirte in der ehemaligen Provinz Sachsen vollbrachten schon damals Pionierleistungen gegenüber ihren Berufsgenossen in anderen Ländern Deutschlands, die noch nicht so leistungsstark waren. Die Gründe ihres erfolgreichen Schaffens waren nicht allein die vorherrschend guten Böden und ihre reichliche Düngung. Vielmehr hatte sie das gute Zusammenwirken zwischen Agrarwissenschaft und -praxis zu solchen Pionierleistungen befähigt. Die angestrebte Breitenwirkung war nicht begrenzt, da auch die bäuerliche Landwirtschaft einbezogen werden konnte. Vor allem waren die landwirtschaftlichen Winterschulen als Träger der Ausbildung bäuerlicher Betriebsleiter erfolgreich; so besonders die im November 1869 ins Leben gerufene Landwirtschaftliche Winterschule Merseburg, die mit den Kreisen Merseburg, Weißenfels, Saalkreis, Naumburg und Zeitz einen Schulbezirk bildete. MAERCKER selbst hat auch die landwirtschaftlichen Schulen durch Vorträge und als Mitglied der für diese Schulen zuständigen Revisionskommission wesentlich gefördert.

Nicht übersehen werden darf, daß die beiden großen Agrarwissenschaftler und Lehrer, KÜHN und MAERCKER, die den Weltruf der Universität Halle auf dem Gebiet der Landwirtschaft begründeten, ohne die hervorragenden Landwirte wie v. ZIMMERMANN, BOLTZE sowie später K. WENTZEL-Teutschenthal u.a. nicht solche Breitenwirkung hätten erzielen können.

3 Die Zeit um die Jahrhundertwende

3.1 Wesentliche strukturelle Veränderungen

MAERCKER hat die agrikulturchemische Versuchsstation in Halle aus den kleinsten Anfängen heraus zur größten und leistungsfähigsten ihrer Art in Deutschland ausgebaut. Ein Jahr nach der Gründung der Versuchswirtschaft Bad Lauchstädt bestand die Versuchsstation aus fünf Abteilungen und bald schon kamen noch zwei Abteilungen hinzu.

Abteilungen und Abteilungsleiter der agrikulturchemischen Versuchsstation 1901:

1. Abteilung für Dünge- und Futtermittelkontrolle	Prof. Dr. L. BÜHRING
2. Abteilung für landwirtschaftliches Versuchswesen	Prof. Dr. W. SCHNEIDEWIND
3. Gährungsphysiologische Abteilung	Dr. A. CLUSS
4. Botanische Abteilung mit dem Vegetationshaus	Dr. H. STAFFECK
5. Milchwirtschaftliche Abteilung	Dr. W. NAUMANN
6. Bakteriologische Abteilung	Prof. Dr. W. KRÜGER
7. Abteilung für Bodenuntersuchungen	Prof. Dr. H.-C. MÜLLER

Die Untersuchung und Bewertung landwirtschaftlicher Produkte und Erzeugnisse wie Düngemittel, Futtermittel, Sämereien, Milch und Molkereiprodukte, weiterhin die Untersuchung von Böden, Wasser, Nahrungs- und Genußmittel wurde das Arbeitsfeld der Kontrollstation. Die zunehmende Tätigkeit und der immer größer gewordene Wirkungsbereich der Station hat diese zu einem weit gegliederten Organismus heranwachsen lassen, wie ihn MAERCKER (1901), wenige Monate vor seinem Tode, geschildert hat. Die sieben Abteilungen, mit deren Leitung MAERCKER seine älteren Mitarbeiter betraut hatte, brachten es mit sich, daß der Direktor der Versuchsstation den Überblick über die Arbeiten der einzelnen Abteilungen gewissermaßen verlieren konnte. Von diesem und anderen Gesichtspunkten geleitet, beschloß der Vorstand der Landwirtschaftskammer für die Provinz Sachsen (1896 aus dem landwirtschaftlichen Zentralverein hervorgegangen) nach dem Tode MAERCKERs (19. Oktober 1901) die Versuchsstation am 1. März 1902 in Halle zu teilen in:

- ➢ eine agrikulturchemische Versuchsstation in Halle, verbunden mit der Versuchswirtschaft Bad Lauchstädt und
- ➢ eine agrikulturchemische Kontrollstation in Halle.

Schon im Frühjahr 1901 war die 1888 auf einem Grundstück in der Diemitzer Flur bei Halle eingerichtete Vegetationsstation (Abb. 2) aufgegeben und am Versuchsfeld in Bad Lauchstädt neu errichtet worden (Abb. 4). Durch einen leider in der Nähe der Vegetationsstation von Diemitz gelegenen, nach 1888 erweiterteten Bahnhof waren infolge des jährlich anwachsenden Verkehrs und durch die damit verbundene Unruhe, den Staub, den Schornsteinauswurf der Lokomotiven und die Rauchgase sehr lästige Störungen eingetreten. Daher mußte die Vegetationsstation nach Bad Lauchstädt verlegt werden. Sie hatte damit aber auch eine passende Stelle gefunden, da den zahlreichen Besuchern der Versuchsswirtschaft Bad Lauchstädt jetzt gleichzeitig auch die Gefäßversuche erläutert werden konnten.

Abbildung 4 Vegetationsstation, erstes Gebäude am Versuchsfeld Bad Lauchstädt, errichtet im Jahre 1901

Um diese Vegetationsstation für Gefäßversuche haben sich alle späteren Baulichkeiten der Forschungsstätte gruppiert.
Die Leitung der agrikulturchemischen Versuchsstation in Halle mit der Versuchswirtschaft Bad Lauchstädt übernahm SCHNEIDEWIND, während die Kontrollstation in Halle unter der Leitung von BÜHRING bis zu dessen Tod (1904) blieb.
In den folgenden 50 Jahren führte die Forschungsstätte Bad Lauchstädt getrennt von der agrikulturchemischen Kontrollstation in Halle neben Gefäßversuchen in der Vegetationsstation überwiegend acker- und pflanzenbauliche Versuche durch, die sowohl der Forschung als auch Demonstrationszwecken dienten.

3.2 Der Standort Bad Lauchstädt

Der Standort Bad Lauchstädt mit seinem tiefgründigen Lößböden und ausgeglichenen Versuchsflächen hat sich als günstig für die Feldversuchsdurchführung erwiesen. Die hier erzielten Versuchsergebnisse sind für ein großes Gebiet repräsentativ, d.h. sie spiegeln die wahren Verhältnisse dieser Region gut wider. Schon im Jahre 1904 vertrat SCHNEIDEWIND den Standpunkt, daß den in der Versuchswirtschaft Bad Lauchstädt gewonnenen verschiedenen Versuchsergebnissen eine weitaus größere allgemeine Gültigkeit zukommt, als man dies gewöhnlich annimmt.
Das Versuchsfeld liegt am Rande der Querfurter Platte und gehört zum Schwarzerdegebiet Sachsen-Anhalts, einem dem Harz südöstlich vorgelagerten Lößgürtel. Der Grundwasserspiegel liegt bei etwa 12 m; allerdings tritt Schichtwasser auf, dessen Abstand von der Bodenoberfläche in Abhängigkeit von der Niederschlagsmenge und -verteilung über größere Zeiträume zwischen 3 bis 5 m schwankt. Eine Profilbeschreibung findet sich in Tabelle 1:

Tabelle 1 Profilbeschreibung am Standort Bad Lauchstädt

Horizont		Farbe	Hu	Kalk	pedogene Merkmale
Tiefe cm	Symbol				Substratmerkmale
30	rAxp	7.5YR2/2	h3	c1	Plattengefüge; stark durchwurzelt; Ut4, mG1 (stark toniger Schluff, sehr schwach mittelkiesig); Kiesanteile durch Wegebau
50	Axh	7.5YR2/1-2	h3	c2	Krümelgefüge; stark durchwurzelt; Krotowinen, Wurzelröhren; Ut4 (stark toniger Schluff); Gipsausblühungen
60	clC-Axh	7.5YR4/2	h2	c4	Subpolyedergefüge; mittel durchwurzelt; Krotowinen, Wurzelröhren; Ut3 (mittel toniger Schluff)
125	elC	10YR5/6	h1	c4	Subpolyedergefüge; schwach durchwurzelt, Wurzelröhren; Ut3 (mittel toniger Schluff)
170	IIelCkc	10YR4/6 + 10YR5/8	h0	c3.4	Subpolyedergefüge; sehr schwach durchwurzelt; Rostadern; Ls4, gG2 (stark sandiger Lehm, schwach grobkiesig) mit Sl3, gG4-Bändern, -keilen (mittel lehmiger Sand, stark grobkiesig); Kryoturbationen; Kalkadern, Lößkindl

Bodensystematische Angaben:

KA4:	Bodentyp:	Norm-Tschernosem (TTn); Substrattyp: Löß (a-ö)
	Substrattyp:	Typischer Tschernosem aus Löß;
	Symbol:	TTn.a-ö(Lo)
TGL 24 300:	Löß-Schwarzerde; Standortregionaltyp der MMK: Lö1a1	
FAO:	Haplic Phaeozem	

Der Boden

Das Ausgangsmaterial der Bodenbildung ist Löß, ein nährstoffreiches Gesteinssediment mit günstigem Wasser- und Lufthaushalt, das während der letzten Eiszeit bis zu mehreren Metern Stärke über Teilen Mitteleuropas abgelagert wurde. Detaillierte Meßwerte zur Kennzeichnung des Bodens sind in Tabelle 2 zusammengestellt:

Tabelle 2 Ausgewählte Bodeneigenschaften des Bearbeitungshorizontes (rAxp) Mittelwerte aus dem Statischen Düngungsversuch (1977)

Ton	< 2.0 µm	21.0 %
Feinschluff	6.3-2.0 µm	7.0 %
Mittelschluff	20-6.3 µm	16.0 %
Grobschluff	63-20 µm	44.8 %
Feinsand	200-63 µm	8.6 %
Mittelsand	630-200 µm	2.1 %
Grobsand	2000-630 µm	0.5 %
Trockenrohdichte (Lagerungsdichte)		1.35 g/cm^3
Trockensubstanzdichte (Dichte der festen Bodensubstanz)		2.56 g/cm^3
Wasserkapazität		32.8 V%
Hygroskopizität		4.62 M%
C_t-Gehalt		2.07 %
N_t-Gehalt		0.17 %
C/N-Verhältnis		12.2 : 1
pH-Wert		6.6
Phosphor (P)		21.0 mg/100 g Boden
Kalium (K)		23.0 mg/100 g Boden
Magnesium (Mg)		13.0 mg/100 g Boden
Sorptionskapazität		29.4 mg/100 g Boden

Die Witterung

Der Standort Bad Lauchstädt wird hinsichtlich der Niederschlagsneigung maßgeblich durch den in nordwestlicher Richtung liegenden Harz beeinflußt. Die Regenschattenwirkung des Gebirges erstreckt sich auf große Teile der Mitteldeutschen Löß-Schwarzerde-Region. Bei mittleren jährlichen Niederschlägen von 483.2 mm (1896-1994) ist der Versuchsstandort Bad Lauchstädt charakteristisch für diese Region. Die Extreme lagen zwischen 260.8 mm (1982) und 678.5 mm (1941) bei einer Standardabweichung von +/- 96.4 mm.

	1896-1905	1906-1915	1916-1925	1926-1935	1936-1945	1946-1955	1956-1965	1966-1975	1976-1985	1986-1994	99 Jahre MW
mm	492.9	483.1	475.9	476.5	521.7	483.0	478.0	489.3	472.4	456.3	483.2
°C	8.3	8.4	8.3	8.6	8.6	9.0	8.6	9.0	8.9	9.4	8.7

Die Niederschläge der letzten neun Jahre von 1986 bis 1994 weichen im Mittel etwas nach unten ab, was auf die extrem trockenen Jahre 1988 bis 1992 (Mittel 378 mm) zurückzuführen ist. Eine Veränderung der Jahresmitteltemperatur über einen längeren Zeitraum ist nicht eindeutig zu erkennen. Die jedoch recht deutlichen Abweichungen in den letzten neun Jahren sind im ebenfals auf wenige extreme Jahre mit relativ hohen Temperaturen zurückzuführen. Dabei handelt es sich um die Jahre 1988-1992 mit einer mittleren Jahrestemperatur von 9.9 °C bzw. 9.8 °C.

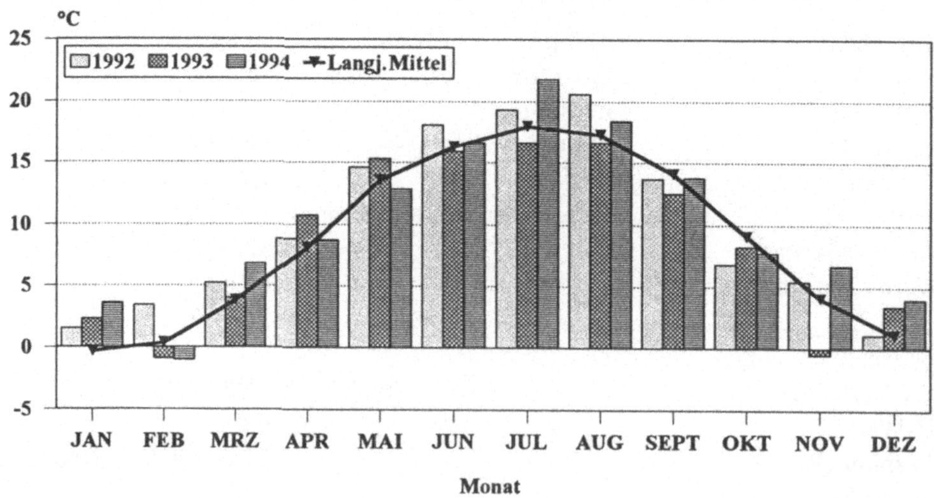

Abbildung 5 Monatsmittel der Lufttemperaturen in Bad Lauchstädt (1992 bis 1994) im Vergleich zum langjährigen Mittel

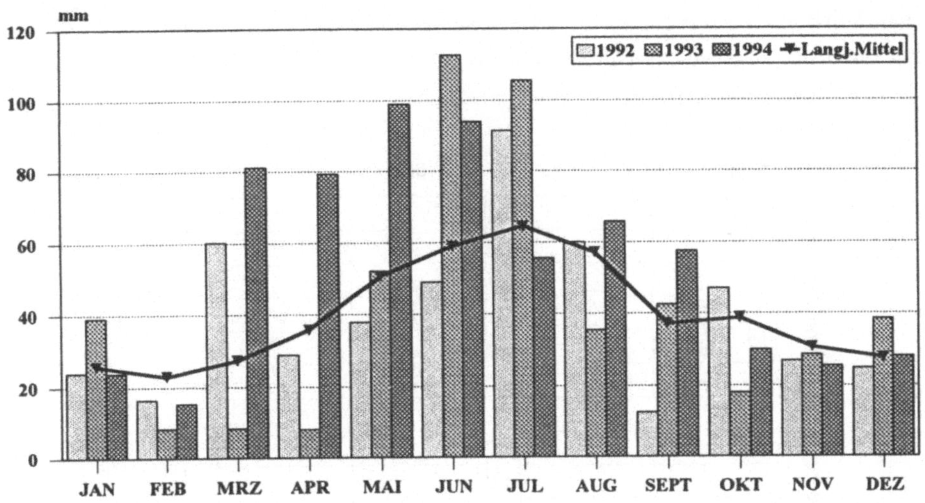

Abbildung 6 Monatssummen der Niederschläge in Bad Lauchstädt (1992 bis 1994) im Vergleich zum langjährigen Mittel

3.3 Der Statische Düngungsversuch

Die Anlage des Statischen Düngungsversuches im Herbst 1902 durch SCHNEIDEWIND und GRÖBLER stellte die logische Konsequenz aus den Ergebnissen der Voruntersuchungen dar. Beispielsweise wurde durch die Vorversuche bereits erkannt, daß 400 dt/ha Stalldung im Zweijahresturnus für den Löß-Standort Bad Lauchstädt ein "Zuviel" an organischer Düngung darstellten. Der ursprüngliche Versuch wurde daher zunächst mit drei Großteilstücken (200 dt/ha Stalldung zu Rüben und Kartoffeln sowie "ohne Stalldung" mit hoher und niedriger Mineral-N-Düngung) konzipiert. Im Jahre 1906 kam das Teilstück "300 dt/ha Stalldung" hinzu, so daß nunmehr bis 1918 insgesamt vier Großteilstücke (ohne Stalldung mit hoher und niedriger N-Gabe, 200 dt/ha und 300 dt/ha Stalldung zu den Hackfrüchten) existierten (Abb. 7). Jede der Großparzellen ist systematisch in sechs Teilstücke untergliedert, auf welchen jeweils die Hauptnährstoffe Stickstoff (N), Phosphor (P) und Kalium (K) unterschiedlich kombiniert in mineralischer Form verabreicht wurden. Im Jahre 1918 wurde das Großteilstück mit den Prüfgliedern 19-24 aufgegeben. Bis 1924, dem Jahr der Unterstellung der Versuchswirtschaft Bad Lauchstädt unter die Ackerbauabteilung der Landwirtschaftskammer, stand der Versuch unter wissenschaftlicher Leitung von SCHNEIDEWIND. Dr. F. MÜNTER nahm 1924 erstmals eine Erweiterung der Versuchsfragen und damit verbunden eine Umstellung des

Versuches vor. Im wesentlichen standen bei der Umstellung Fragen der physiologischen Wirkung verschiedener mineralischer Dünger im Vordergrund. Die Schläge I bis IV wurden in je vier nördliche und südliche Schlaghälften geteilt.

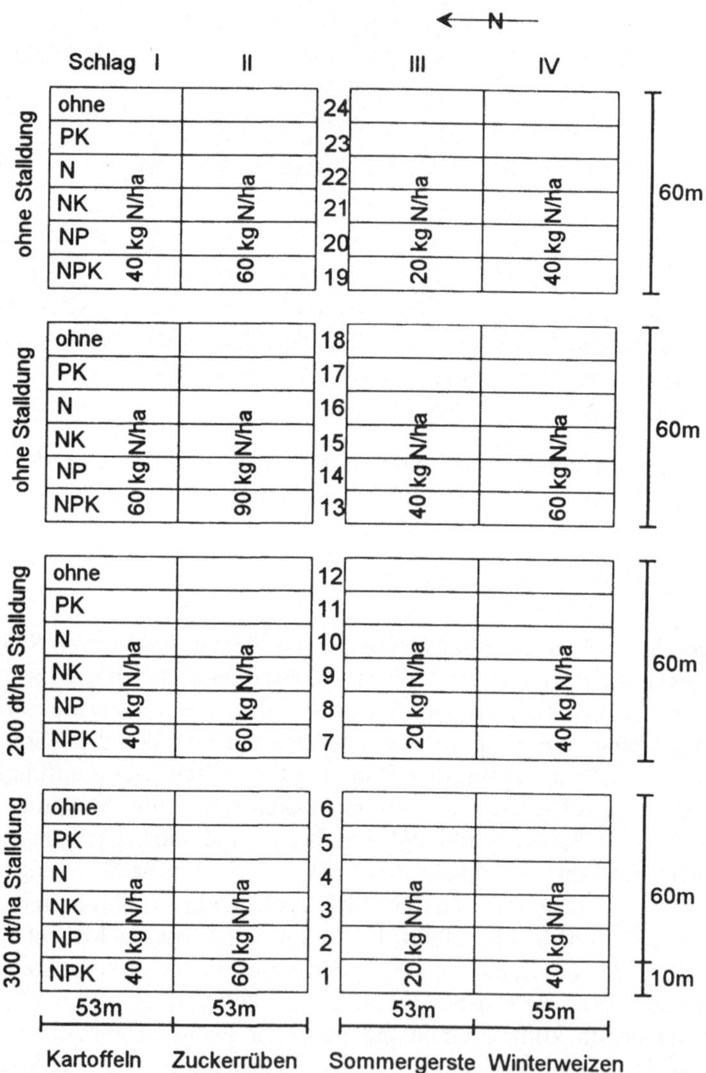

Abbildung 7 Anlageplan des Statischen Versuches von 1906-1924 (Beispiel 1906)

Vier Schlaghälften wurden in unveränderter Form fortgeführt (Abb. 8). Die ursprünglichen Versuchsfragen zur

- Wirkung der einzelnen Pflanzennährstoffe,
- Wirkung und Verwertung des Stalldüngers,
- Ausnutzung der in künstlichen Düngern enthaltenen Nährstoffe
- und zur Wirkung des "Raubbaus" und des Nährstoffentzuges

konnten, ohne den Grundplan zu verändern, um folgende Themen erweitert werden:

- Wirkung der Kalkdüngung auf Boden und Pflanze,
- Wirkung physiologisch saurer bzw. basischer Stickstoffdünger auf Boden und Pflanze,
- Wirkung einer Leguminose in der Fruchtfolge im Vergleich zur "normalen Fruchtfolge".

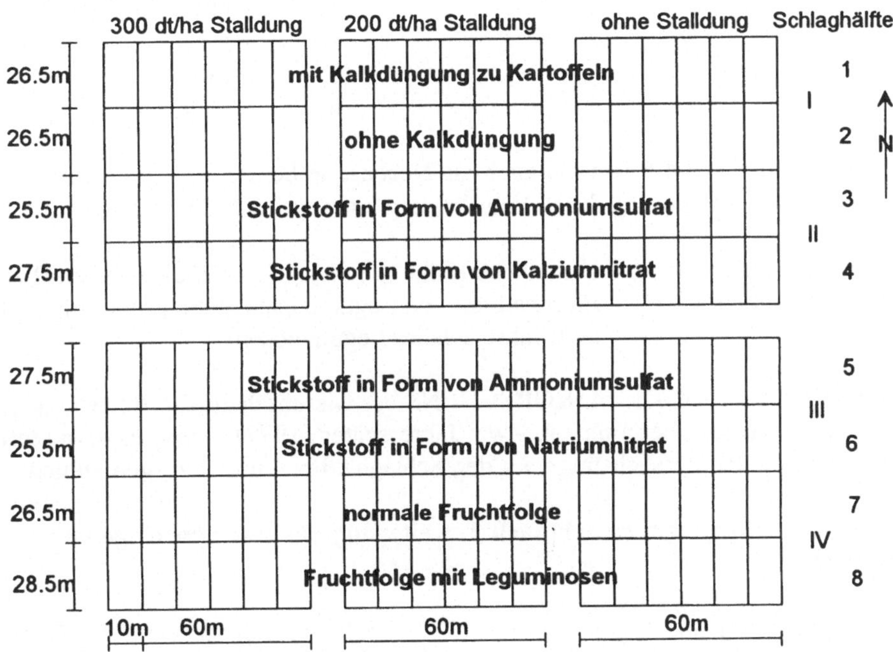

Abbildung 8 Anlageplan des Statischen Versuches von 1924 bis 1970

Die nach der Unterteilung der Schläge in je eine nördliche und südliche Schlaghälfte entstandene 8feldrige Struktur (Bezeichnung Schlaghälfte 1-8) blieb unverändert. Die Schlaghälften 2, 3, 6 und 7 bilden die sogenannte "Hauptserie" da dort seit 1902

bzw. 1906 der Versuch ohne wesentliche Veränderung nach der ursprünglichen zweifaktoriellen Konzeption der Prüffaktoren "organische Düngung" und "mineralische Düngung" durchgeführt wird.
Die Kombinationen von drei Stalldungvarianten mit jeweils sechs Mineraldüngungsstufen werden als Varianten 1-18 bezeichnet. Die Hauptserie umfaßt Schlaghälften eines jeden Schlages, so daß jährlich alle Fruchtarten nebeneinander in unveränderter Form geprüft werden können und nunmehr eine mehr als 90jährige Zeitreihe vorliegt.

Prüffaktoren und -stufen

A	= organische Düngung	**B**	= N, P, K-Düngung
a_1	= 300 dt/ha Stalldung (zur Hackfrucht)	b_1	= NPK
a_2	= 200 dt/ha Stalldung (zur Hackfrucht)	b_2	= NP
a_3	= ohne	b_3	= NK
		b_4	= N
		b_5	= PK
		b_6	= ohne

Die Schlaghälften 1 und 8 werden auch als Nebenserie bezeichnet. Sie erfuhren im Jahre 1924 eine Veränderung durch Einschaltung eines weiteren Prüffaktors:

C	= Schlaghälfte 1:	zusätzliche Kalkung (aller 4 Jahre Kalk zu Kartoffeln)
	= Schlaghälfte 8:	Einschaltung von Leguminosen in die Fruchtfolge (aller 6 Jahre 2 Jahre Leguminosen)

Im Jahre 1975 hat Prof. Dr. M. KÖRSCHENS die wissenschaftliche Betreuung des Statischen Versuches übernommen. Zwei Jahre später (1977) wurde eine wesentliche Erweiterung der Versuchsfrage auf den Schlaghälften 4 und 5 vorgenommen.

Der Statische Düngungsversuch nach Erweiterung der Versuchsfrage im Jahre 1978

Die Schlaghälften 4 und 5 gehörten bis 1977 ebenfalls zur Nebenserie des Versuches. Dort war seit 1924 die Anwendung unterschiedlicher Stickstoffdüngerformen geprüft worden. Die Einstellung dieses Prüffaktors 1970 eröffnete die Möglichkeit, diesen Teil einer neuen Fragestellung zuzuführen, ohne die kontinuierliche Weiterführung des ursprünglichen Statischen Versuches zu beeinträchtigen. So bilden die Schlaghälften 4 und 5 seit dem Erntejahr 1978 den Erweiterungsteil des Statischen Versuches (Abb. 9), dessen Konzept im folgenden beschrieben wird.

Die bis zu diesem Zeitpunkt fast 80jährige Differenzierung der organischen Düngung hatte zu großen Unterschieden der Bodeneigenschaften, insbesondere des C_t-Gehaltes, geführt. Somit bestand vor allem Interesse daran, zu prüfen, inwieweit und in welchem Zeitraum die Mangelparzellen durch Düngungsmaßnahmen wieder ihr ursprüngliches Niveau erreichen können. So wurden die unterschiedlichen C_t-Niveaus der Stalldunggroßteilstücke als Ausgangsbasis genutzt und in fünf mineralische Stickstoffstufen untergliedert. Der Einfluß einer zusätzlichen organischen Düngung wird auf Schlaghälfte 5 geprüft. Den Null- und PK-Mangelparzellen wurde in den Jahren 1978 und 1979 in mehreren Teilgaben eine ausgleichende Düngung von 500 kg P/ha und 750 kg K/ha gegeben.

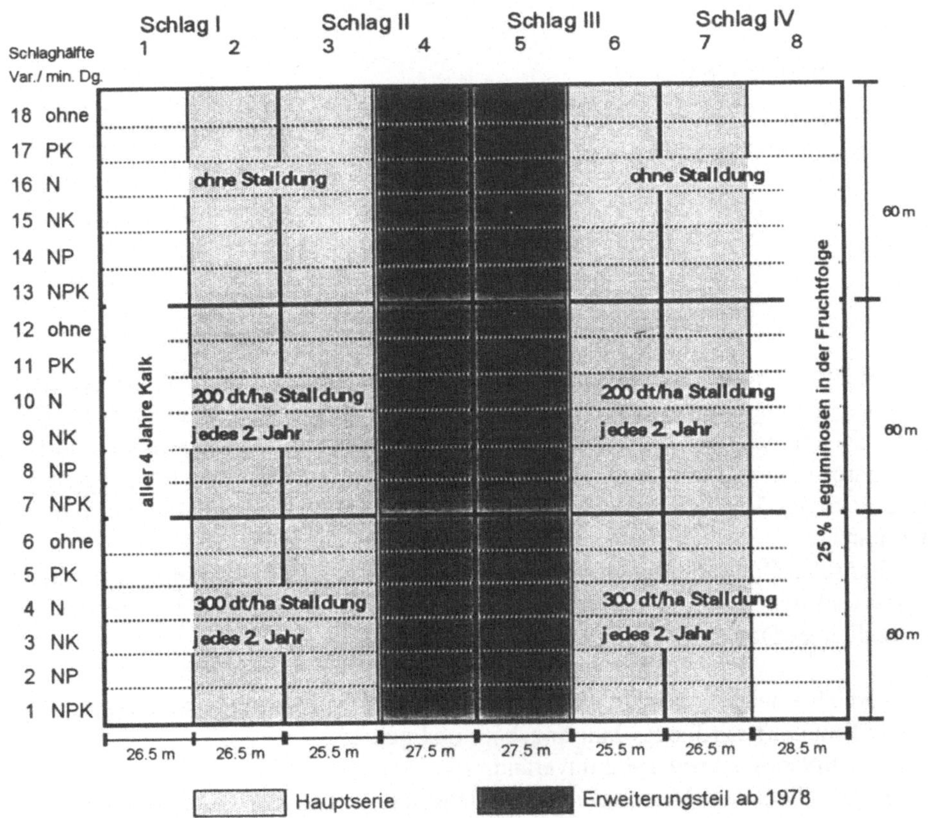

Abbildung 9 Anlageplan des Statischen Düngungsversuches seit 1978

Im Erweiterungsteil läuft die gleiche Fruchtfolge ab wie auf der Schlaghälfte 3 des Statischen Versuchs. Die Parzellengröße beträgt 55 m². Somit umfaßt der Erweiterungsteil eine Fläche von ca. 1 ha.

Prüffaktoren und -stufen

A = organische Düngung

a_1 = ohne
a_2 = 300 dt/ha Stalldung zur Hackfrucht

B = C_t-Gehalt in der Krume (entsprechend der organischen Düngung bis 1977)

b_1 ca. 2.2% (bis 1977 300 dt/ha Stalldung zur Hackfrucht)
b_2 ca. 1.9% (bis 1977 200 dt/ha Stalldung zur Hackfrucht)
b_3 ca. 1.6% (bis 1977 ohne organische Düngung)

C = N-Düngung (kg/ha)

	Zuckerrüben	Sommergerste	Kartoffeln	Winterweizen
c_1	-	-	-	-
c_2	60	20	50	40
c_3	120	40	100	40+ 40
c_4	180	40+20	150	40+ 80
c_5	240	40+40	200	40+120

Mit der Erweiterung war erstmals die Möglichkeit gegeben, die Wechselbeziehungen zwischen organischer Bodensubstanz sowie organischer und mineralischer Düngung bei Unterschieden im Ausgangsgehalt des Bodens an Kohlenstoff von >0.65% C_t zu untersuchen. Trotz dieser Veränderung blieben auch hier die 1902 angelegten Kernstücke des Versuches (Schlaghälften 2, 3, 6 und 7) bis zum heutigen Zeitpunkt unberührt.
Der Statische Düngungsversuch Bad Lauchstädt hat aufgrund seiner großzügigen Anlage und der geringen Eingriffe während der gesamten Laufzeit gegenüber der Mehrzahl aller Dauerversuche unschätzbare Vorteile:

- Innerhalb einer Fruchtfolge gibt es eine Vielzahl von Düngungsvarianten.
- Jede Fruchtart wird jedes Jahr angebaut und geprüft.
- Die Hauptserie ist seit 1902 unverändert geblieben.
- Der Parzellen- und Versuchsumfang erlaubt die Entnahme von Boden für Untersuchungen sowie für Gefäß- und Modellversuche ohne Schädigung der Kernparzelle.
- Aufgrund der Parzellengröße sind die Rand- und Nachbarwirkungen von untergeordneter Bedeutung.

- Die Gefahr der Beeinflussung der Ergebnisse durch Bodenverschleppung wird durch die Größe der Parzellenränder minimiert.
- Der Versuch repräsentiert die Boden- und Witterungsverhältnisse des Mitteldeutschen Trocken-Löß-Gebietes.
- Es existieren sehr lange Zeitreihen zu chemischen Bodeneigenschaften sowie Pflanzeninhaltsstoffen.

Die Ergebnisse des Statischen Versuches Bad Lauchstädt sind in mehr als 70 wissenschaftlichen Veröffentlichungen dokumentiert.

3.4 Weitere Versuchstätigkeit

Um die Jahrhundertwende (1897-1902) waren mühevolle, umfangreiche Untersuchungen zum Problem der Stalldungbehandlung und -lagerung erfolgreich. Hierbei waren besonders folgende drei Varianten wichtig: Tiefstalldung, Stalldung von "überdachter" und "offener" Dungstätte. Teilweise wurde noch untersucht, wieviel Stickstoff bei eiweißarmer und eiweißreicher Fütterung sich im Stalldung wiederfindet. Die dabei erstmalig ermittelten Werte zum Nährstoffgehalt, zu den Nährstoffverlusten und zur Ertragswirksamkeit des verschiedenen behandelten und gelagerten Stalldungs sind heute noch gültig. Diese Ergebnisse fanden weit über die Grenzen Deutschlands hinaus Beachtung. MAERCKER faßte die zweckmäßigste Behandlung des Stalldungs mit einfachen Worten in den folgenden Satz zusammen, der bald zur Bauernregel wurde:

"Halte ihn feucht und tritt ihn feste, das ist für den Mist das Allerbeste."

Weitere wichtige Versuchsfragen, die im wesentlichen geklärt werden konnten, waren:

- Soll Stalldung tief untergepflügt oder nur flach in den Boden eingepflügt werden?
- Soll Stalldung eine Zeit ausgebreitet liegengelassen oder möglichst sofort eingepflügt werden?

Man kam im wesentlichen zu folgenden Ergebnissen:

Stalldung muß auf Lößboden zu Kartoffeln flach untergepflügt werden, tieferes Einbringen komme nur bei Zuckerrüben in Betracht. Versuche, den Stalldünger flach unterzubringen und den Boden gleichzeitig tief zu lockern (Untergrundpflug), brachten gegenüber dem tiefen Unterbringen keine Vorteile.
Stalldünger im Herbst ausgebracht und über Winter zwecks Erzielung einer guten Bodengare liegen gelassen brachte Mindererträge gegenüber dem sofortigen Einpflügen nach dem Ausbreiten des Stalldungs. Stalldung im Juni zwischen den Kar-

toffelreihen ausgestreut und liegen gelassen (sogenannte Kopfdüngung) brachte niedrigere Erträge im Vergleich zum normalen Einpflügen des Stalldungs.
Umfangreich waren auch die Untersuchungen zur Konservierung des Stalldungs mit verschiedenen Zusätzen wie 50%ige Schwefelsäure, Ätzkalk, kohlensauerer Kalk, Kainit, Eisen- und Kupfervitriol; auch im Handel gab es Konservierungsmittel, die geprüft wurden. Aber alle Stalldungkonservierungsmittel mit chemischen Stoffen ergaben keine nennenswerte Wirkung oder waren zu teuer und teilweise für Mensch oder Tier wegen ihrer Nebenwirkung gefährlich. Als einzig beste Konservierung erwies sich wiederum das feuchte und feste Lagern des Stalldungs.
Um die Jahrhundertwende deutete sich die allmähliche Erschöpfung der Chilesalpeterlagerstätten bei steigendem Verbrauch in spätestens 40 Jahren an, und die großtechnische Bindung des Luftstickstoffs war noch nicht bekannt. Demzufolge erschien die Stickstoffkonservierung in Stalldung, Jauche und Fäkalien besonders wichtig. Aber auch der Bindung des elementaren Stickstoffs durch Mikroorganismen wurde viel Aufmerksamkeit gewidmet.
Mit den weiterhin zahlreich durchgeführten Sortenversuchen hat die Versuchswirtschaft Lauchstädt viel zur Förderung der Pflanzenzucht beigetragen. Hierbei muß auf den guten Kontakt der Versuchswirtschaft Lauchstädt mit RIMPAU, dem Vater der deutschen Pflanzenzüchtung, hingewiesen werden. RIMPAU stand als Vorsitzender des Kuratoriums der Versuchswirtschaft Lauchstädt mit seinen reichen praktischen Erfahrungen stets hilfsbereit zur Seite und hatte zugleich auch für alle Versuche das richtige wissenschaftliche Verständnis. Sein Dahinscheiden am 20.5.1903 wird von SCHNEIDEWIND (s. 5. Bericht über die Versuchswirtschaft Lauchstädt, S. 3) aufs tiefste bedauert. Überhaupt waren MAERCKER und RIMPAU von Jugend an eng befreundet.
Erwähnenswert sind besonders noch die zahlreichen Backversuche, die in den Jahren 1902 bis 1906 mit den verschiedenen, in Bad Lauchstädt gewachsenen Weizensorten und mit verschieden gedüngten sowie unter verschiedenen klimatischen und Bodenverhältnissen gewachsenen Weizen durchgeführt wurden (s. 5. und 6. Bericht der Versuchswirtschaft Lauchstädt). Die Backfähigkeit war weniger von der Sorte und mehr von der Jahreswitterung, Zeit der Ernte und Lagerung des Weizens u.a. abhängig. Sommerweizen war dem ausländischen Weizen am ähnlichsten, d.h. am besten geeignet, den heimisch angebauten Winterweizen zu ersetzen.
Für einen erstmals im Jahre 1902 angelegten mehrjährigen Fruchtfolgeversuch war kennzeichnend, daß im Anlagejahr ein Feld zur Hälfte mit Erbsen bestellt und die andere Hälfte als Brache behandelt wurde. Dann sind die Nachwirkungen der Brache im Vergleich zur Erbsenvorfrucht auf die Erträge der nachgebauten Pflanzenarten und besonders auf Bodeneigenschaften über mehrere Jahre untersucht worden (s. Abschn. 4.2.)
Außer den in Bad Lauchstädt angestellten Feldversuchen wurden nach wie vor noch Düngungsversuche auf den verschiedenen Bodenarten der Provinz Sachsen durchgeführt, von der "Deutschen Landwirtschafts-Gesellschaft" wurden die erforderli-

chen Mittel dafür bereitgestellt. Die Fragestellung dieser Versuche beinhaltete verschiedene Mineraldüngerformen (NPK) sowie Höhe und Zeit ihrer Anwendung. Sie wurden nach der Methode von P. WAGNER mit 100 m^2 großen Parzellen mit drei bis vier Wiederholungen durchgeführt, so daß genaue Resultate erzielt wurden.

3.5 Nährstoffentzug und Nährstoffstatik aus damaliger Sicht

Der Nährstoffentzug der Versuchsfrüchte wurde in Düngungsversuchen von den ersten Versuchsjahren an vom Hauptprodukt (Korn, Knollen, Rüben usw.) und vom Nebenprodukt (Stroh, Kraut, Blatt usw.) in kg/ha ermittelt.
Um die Jahrhundertwende galt noch sehr verbreitet die Ersatztheorie, wonach man die Düngergaben als Ersatz für den Nährstoffentzug der Pflanzen ansah und entsprechend bemessen wollte.
Für "Statische Düngungsversuche" war die "Statik" als Lehre von der Herstellung des Gleichgewichts, der Einnahme und Ausgabe der Bodennährstoffe (NPK) bezeichnend. Diese Nährstoffe stehen, wie man zunächst annahm, der Pflanze in einem durch Düngerzufuhr und Pflanzenaufnahme bilanzierbaren statischen System zur Verfügung. Dabei ist agrikulturgeschichtlich zu bemerken, daß nach kämpferischer Auseinandersetzung über die Mineralstoffernährung der Pflanzen mit LIEBIGs "Agrikulturchemie" in 7. Auflage (1862), zugleich eine neue Epoche der Statik eingeleitet worden war. Namhafte Autoren befaßten sich mit LIEBIGs Prinzip von der "Statik des Landbaues", deren praktische Handhabung jedoch schwierig war und ist: Die statische Rechnung in einfachster Form sollte für einen landwirtschaftlichen Betrieb die Gesamtausfuhr (z.B. Verkauf von Ernteprodukten) der Gesamteinfuhr (z.B. Düngemittel) an Pflanzennährstoffen gegenüberstellen. Sind Ausfuhr und Einfuhr gleich, bleibe der Fruchtbarkeitszustand der Felder erhalten. Dieser würde sich beim Überwiegen der Ausfuhr verschlechtern. Die "vollständige statistische Rechnung" erstrecke sich nicht nur auf die ganze Wirtschaft, sondern auch auf jeden einzelnen Schlag (HEIDEN 1892, S. 275). MAERCKER (1901) verwies darauf, daß der Nährstoffvorrat auf der Basis statistischer Berechnung je nach Anspruch der anzubauenden Pflanze korrigiert werden müsse. Bedenken äußerte er auch gegen die Verwendung von Durchschnittszahlen, die nicht die örtlichen feldmäßigen Bedingungen und nicht den pflanzenverfügbaren Nährstoffvorrat berücksichtigen.
Die Statik sollte in der o.g. Form ein wichtiges Hilfsmittel zur Ermittlung des Düngerbedarfs einer Ackerfläche sein. Sie erwies sich jedoch als unzulänglich: Auswaschungsverluste müßten ersetzt, der Bodenvorrat an Pflanzennährstoffen, ihre Ausnutzbarkeit und eine mögliche Festlegung der Düngernährstoffe im Boden müßten berücksichtigt werden und dazu noch die jährlich wechselnde Witterung, die die Menge der pflanzenverfügbaren Nährstoffe besonders beeinflußt.

3.6 Lehrtätigkeit an der Universität Halle

Die Lehrtätigkeit der Leiter und Mitarbeiter der Forschungsstätte an dem Landwirtschaftlichen Institut der Universität Halle ist zur Tradition geworden. So nutzte das Landwirtschaftliche Institut und nachfolgend die Landwirtschaftliche Fakultät der Universität die Erfahrungen von Angehörigen der landwirtschaftlichen Forschungsstätte Bad Lauchstädt und übertrug ihnen Lehraufträge.
Schon seit der Gründung der agrikulturchemischen Versuchsstation in Halle, vom Jahre 1871 an lehrte MAERCKER als Professor für Agrikulturchemie und landwirtschaftliche Technologie an dem zur Philosophischen Fakultät gehörigen Landwirtschaftlichen Institut der Universität.
Auch nach MAERCKERs Tod (1901) blieb die personelle Verbindung der Forschungsstätte Lauchstädt mit der Lehre an der Universität erhalten, als 1902 SCHNEIDEWIND die Leitung der Forschungsstätte übernahm und als Professor in Halle lehrte. Nach dem 2. Weltkrieg wurde diese Verbindung wieder hergestellt, indem Prof. Dr. H. RÜTHER neben der Leitung der Forschungsstätte in Lauchstädt eine Lehrtätigkeit als Professor an der inzwischen geschaffenen landwirtschaftlichen Fakultät in Halle ausübte. Prof. Dr. G. BÄTZ führte als Abteilungsleiter in der Lauchstädter Forschungsstätte in den 70er und 80er Jahren Lehrveranstaltungen zur Planung, Durchführung und Auswertung von Feldversuchen durch. Darüber hinaus wurden Mitarbeiter der Forschungsstätte Bad Lauchstädt häufig zu Kolloquien und Seminaren herangezogen und informierten hier über neue Forschungsergebnisse.

4 Die Zeit bis Mitte der 20er Jahre

4.1 Weitere Aufgabengebiete: Versuchsstation Groß-Lübars; Abteilung Pflanzenschutz, Kulturtechnik und Saatzucht

Am 1. März 1902 wurde SCHNEIDEWIND Nachfolger von MAERCKER. Schon am 15. April 1902 zum a.o. Professor ernannt, hat er die Arbeiten ganz im Sinne MAERCKERs weitergeführt. Von SCHNEIDEWIND wurde gesagt, daß er ein sehr genau arbeitender und vorsichtig abwägender Forscher war, der nichts bekannt gab, was nicht genügend durchgeprüft und gesichert war. Deshalb sind die von ihm veröffentlichten Forschungsergebnisse noch heute gültig.
Seine Zeit - er war ein Vierteljahrhundert Direktor der Agrikulturchemischen Versuchsstation Halle a.S. - war nicht einfach, vor allem bedingt durch den ersten Weltkrieg und die schwierigen Nachkriegsjahre. Das Aufgabengebiet hatte sich schon wenige Jahre nach der Übernahme der Leitung durch SCHNEIDEWIND sowohl für die agrikulturchemische Versuchsstation wie auch für die agrikulturchemische Kontrollstation beachtlich vergrößert. Es kamen, wie nachfolgend dargelegt, noch Groß-Lübars als Versuchsstation, eine Versuchsstation für Pflanzenschutz und je eine Abteilung Kulturtechnik sowie Saatzucht hinzu.
Die landwirtschaftliche Versuchswirtschaft Lauchstädt galt schon wenige Jahre nach ihrer Gründung als beispielhaft und fand in verschiedenen Gegenden Deutschlands Nachahmung. Namhafte Vertreter der Agrarwissenschaft, wie SCHNEIDEWIND selbst und der bedeutende Getreidezüchter O. BESELER u.a., forderten außer der Versuchswirtschaft Lauchstädt eine solche mit Sandboden in der Provinz Sachsen einzurichten. Dieser Forderung entsprechend wurde im Herbst 1908 eine 17 ha große Versuchswirtschaft in Groß-Lübars, Kreis Burg, auf typischem Sandboden errichtet. Auch hier wurde ein Statischer Düngungsversuch nach Lauchstädter Muster, aber mit der Fruchtfolge Kartoffeln-Roggen bis zum letzten Versuchsjahr (1924) durchgeführt. Desweiteren liefen wie in Lauchstädt Gründüngungsversuche, verschiedene Mineraldünger-Formenversuche, Kartoffel-Standweitenversuche sowie verschiedene Sortenversuche. Von den neun erschienenen Berichten über die Versuchswirtschaft Lauchstädt enthalten die beiden letzten (von 1918 und 1925) auch Versuchsergebnisse der Versuchswirtschaft Groß-Lübars; über diese hat dann noch MÜNTER (1928) berichtet. Aber die Versuchswirtschaft Groß-Lübars bestand nur 16 Jahre. Offensichtlich war der Boden zu leicht und das Klima zu trocken. So mißriet das Getreide von sieben aufeinanderfolgenden Jahren in drei Jahren mit zu trokkenen Frühjahren, in denen dann auch jede Düngung versagte.
Ab 1. Oktober 1907 wurde der agrikulturchemischen Kontrollstation in Halle der Pflanzenschutz, der in den Räumen des Verwaltungsgebäudes der Landwirtschaftskammer (heute Sitz des Regierungspräsidiums) war, angegliedert und beide Aufgaben in den Räumen der Karlsstr. 10 (jetzt H.-u.-Th.-Mann-Str. 19) vereinigt. Diese Vereinigung bestand bis zum Jahre 1933 unter einheitlicher Leitung, dann wurde der

Pflanzenschutz leitungsmäßig eine selbständige Einrichtung, verblieb aber weiterhin in den Räumen der agrikulturchemischen Kontrollstation. Erst im Jahre 1951 erfolgte auch eine räumliche Trennung und der Pflanzenschutz zog in die Reichhardtstr. 10 in Halle um, wo er 40 Jahre blieb.

4.2 Versuchstätigkeit

Unter der Leitung SCHNEIDEWINDs (bis 1925) wurden wiederum Fragen der Düngung bei den wichtigsten Kulturpflanzen intensiv bearbeitet. Die von MAERCKER vereinzelt eingeleiteten Gründüngungsversuche wurden systematisch weitergeführt. Vor und nach dem 1. Weltkrieg ist vor allem die Anwendung der mineralischen Stickstoffdüngung bei Zuckerrüben in großem Umfange geprüft worden. Zahlreich waren auch die Versuche mit verschiedenen Stickstofformen, die besonders interessierten, wenn bei jeweils termingerechter Anwendung gleiche ertragssteigernde Wirkungen erzielt wurden. Ein solches Ergebnis ist hinsichtlich der Preiswürdigkeit der Stickstoffdüngemittel heute ebenso wichtig.
AEREBOE (1922), der bedeutende landwirtschaftliche Betriebswirtschaftler, hat damals beklagt, daß man bei den aus Feldversuchsergebnissen abgeleiteten Düngungsmaßnahmen oft die ökonomischen Aspekte vernachlässigt. MAERCKER und SCHNEIDEWIND haben jedoch bei der Interpretation der Ergebnisse ihrer mineralischen Düngungsversuche berücksichtigt, daß jede Düngungsfrage zugleich auch eine betriebswirtschaftliche Frage beinhaltet. Der Verkaufserlös des durch Mineraldüngung bewirkten höheren Ertragsanteils müsse größer sein als der Einkaufspreis des aufgewendeten Mineraldüngers. Andernfalls bliebe der aufgewendete Mineraldünger für den rechnenden Landwirt ohne Wert.
Man findet in den Lauchstädter Versuchsberichten bei Düngungsversuchen oft angegeben: Was kostet der Aufwand an Dünger und wie hoch ist der Erlös des damit erzielten Mehrertrages. Bei Gründüngungsversuchen sind die Kosten für das aufgewendete Saatgut und die Bestellungsarbeiten dem Erlös für den erzielten Mehrertrag gegenübergestellt. AEREBOE (1922) nennt daher MAERCKER noch 20 Jahre nach seinem Tode den "großen Förderer der praktischen Düngerlehre".
Sortenversuche mußten während und nach den Jahren des 1. Weltkrieges wegen Personalmangel stark eingeschränkt werden. Ab 1923 konnten sie in vollem Umfange wieder aufgenommen und danach teilweise sogar erheblich erweitert werden. Die Anzahl der jährlich geprüften Sorten mit verschiedenen Pflanzenarten war von 1924 bis 1936 am größten; im Jahre 1929 wurden beispielsweise 78 Winterweizensorten geprüft. Die phytopathologischen Versuche waren zuerst Beizversuche, bald kamen aber auch Versuche zur Unkraut-, Steinbrand- und Rostbekämpfung hinzu. In Einzelfällen wurden im Rahmen von Kartoffelkeimprüfungen von Pflanzkartoffeln auch Untersuchungen zur Feststellung von Kartoffelkrebs durchgeführt.
Im Jahr 1916 wurden die Fütterungsversuche eingestellt. Bemerkenswert ist aber, daß schon während der ersten Jahre des Weltkrieges Versuche mit jungen Ochsen

angestellt wurden mit dem Ziel, Eiweiß durch Ammoniak in den Futterrationen teilweise zu ersetzen, um dem Mangel an eiweißreichem Futter während des Krieges zu begegnen (s. 8. Bericht, S. 238-239).
Im Jahre 1904 wurde im Versuchsgelände von Bad Lauchstädt von KRÜGER ein kleines Versuchsfeld angelegt. Auf diesem lief u.a. über mehrere Jahre ein Versuch mit folgenden Parzellen (Varianten):

- Brache ohne Mineralstoffe
- Brache mit Mineralstoffen (Phosphorsäure + Kali)
- Erbsen mit Mineralstoffen
- Brache + Gründüngung ohne Mineralstoffe
- Brache + Gründüngung mit Mineralstoffen

Um die Wirkung dieser Varianten zu prüfen, wurden Erträge und N-Entzüge bei den Nachfrüchten Roggen bzw. Hafer, Zuckerrüben und Gerste ermittelt.
Als wesentliches Ziel dieser Untersuchungen galt die Frage nach der "Bodengare", der damals im ackerbaulichen Schrifttum breiter Raum gewidmet wurde. Wirtschaftliche Betrachtungen über die Brache schienen zurückgestellt. In Übereinstimmung mit früheren Versuchen war der Stickstoffgewinn in der Erbsenfruchtfolge wesentlich höher als in der Brachefruchtfolge. Vor allem waren in der Erbsenfruchtfolge außer den Erbsenerträgen auch die Erträge des danach gebauten Getreides höher als die des Getreides nach Brache.
Über den Einfluß der Bodenbearbeitung und Düngung auf den Organismenbestand des Bodens sind von der agrikulturchemischen Versuchsstation Halle umfangreiche Untersuchungen durchgeführt worden. GERLACH (1912) hat darüber folgendes berichtet:

> *"Während der Brache trat eine starke Vermehrung bestimmter Organismengruppen ein. In manchen Fällen schienen die biologischen Funktionen des Bodens durch Mineraldüngung, insbesondere durch Zufuhr von Phosphorsäure, gefördert zu werden. Organische Substanzen, wie Zucker und Stroh, bewirken zunächst Schädigungen infolge Stickstoffestlegung und Salpeterreduktion, in den folgenden Jahren traten Ernteerhöhungen ein, die auf eine Mobilisierung des unlöslich gewordenen Stickstoffs und auf eine Begünstigung der Stickstoffsammlung zurückgeführt werden. Torf erwies sich als indifferent."*

Außer diesen und den vorstehend genannten Düngungs- und Sortenversuchen gab es noch eine Reihe anbautechnischer Versuche, meist als Einzelversuche, z.B. Versuche mit: Druckrollen, Behäufelung und Rillensaat des Getreides, Standweiten (auch mit niedriger und hoher Mineraldüngergabe) bei Kartoffeln, Pflanzgutwechsel bei Kartoffeln, Pflanzkartoffeln verschiedener Knollengröße und geschnittene Pflanzkartoffeln, Kartoffelabbau, Abschneiden des Kartoffelkrautes; verschiedene

Standweiten sowie Aussaatmengen zu Zuckerrüben und Knäuelgrößen des Zuckerrübensaatgutes.
Schon bald nach der Jahrhundertwende traten erste Anzeichen von Umweltschäden auf. Fragen nach der Ursache und ihrer Wirkung wurden nicht erst, wie häufig vermutet, nach dem 2. Weltkrieg durch die zunehmende Industriealisierung gestellt.
Anläßlich einer Plenarversammlung der Landwirtschaftskammer für die Provinz Sachsen im Januar 1912 berichtete der Vorsteher der Kontrollstation über "Kritische Beleuchtung der Schäden, die der Provinz Sachsen aus der zunehmenden Entwicklung von Industrie und Bergbau erwachsen unter besonderer Berücksichtigung der Flüsse". In diesem Bericht werden einerseits die großen Vorteile für die Landwirtschaft der Provinz Sachsen durch die vorhandene blühende Industrie genannt, andererseits wird auf die schweren Schäden hingewiesen, die der Landwirtschaft mit der wachsenden Industrie und der Ausdehnung des Bergbaues wie Rauchschäden, Versalzung der Flüsse, Wasserentzug, Verschlämmung der Bäche usw. entstehen.
Umfangreiche Untersuchungen über die Verunreinigung der Gewässer und den Nachweis von Flurschäden durch Rauch, Abgase und Flugasche wurden durchgeführt, speziell die Auswirkung von Flugasche und Kohlenstaub einer Papierfabrik auf nahegelegenes Gartenland sowie die Verschmutzung der Vegetation in der Umgebung einer Brikettfabrik. Durch dauernde Bestäubung mit Brikettstaub war die Ackerkrume in der Nähe einer Braunkohlengrube in ihrer Ertragsfähigkeit geschädigt worden.
Eine Abteilung *Bodenbakteriologie* wurde gleich nach der Jahrhundertwende erstmals erwähnt. Sie galt schon bald als ein unentbehrliches Glied der agrikulturchemischen Forschung, da mikrobiologische Prozesse, wie MAERCKER richtig erkannt hatte, sich auf chemische Vorgänge zurückführen lassen. Nach ihm haben bakteriologische Wirkungen eine chemische Grundlage, indem Bakterien und Pilze Enzyme produzieren, die alle die "eigenartigen Umsetzungen" bewirken. So stehen sich Bakteriologie und Chemie weitaus näher, als man früher glaubte und so hat die Agrikulturchemie einen Weg der Forschung in das Gebiet der Mikrobiologie geebnet. MAERCKER erwarb sich in KRÜGER einen geschulten Mitarbeiter und richtete noch - genauer Termin unbekannt - eine bakteriologische Abteilung der Versuchsstation ein.
Die große Bedeutung der mikrobiellen Stoffwechselprodukte im Boden hat der Nobelpreisträger WAKSMAN - der Streptomycinentdecker - bei der Entgegennahme des Ehrendoktors der landwirtschaftlichen Fakultät der Universität Göttigen in seinem Vortrag "Out of the Earth Shall Come Thy Salvation" (Dein Heil kommt aus der Erde) gewürdigt.
Dr. B. HEINZE führte zusammen mit KRÜGER und MÜNTER in Lauchstädt von 1906 bis 1925 umfangreiche bodenbiologische Untersuchungen durch, insbesondere Stickstoffversuche unter besonderer Berücksichtigung der Knöllchenbakterien bei Leguminosen und Impfversuchen.
Im Ergebnis ihrer Untersuchungen wurde festgestellt, daß Leguminosen, die noch

nie auf einem Kulturboden angebaut wurden, im ersten Jahr noch keine Knöllchen ansetzen und deshalb keinen Stickstoff assimilieren. Dies war z.B. auf dem Lauchstädter Lößlehmboden bei Lupinen und Serradella der Fall, die vom 2. Jahr an aber reichlich Stickstoff assimilierten. Die Ergebnisse weiterer einschlägiger Untersuchungen ergaben in ihrer praktischen Anwendung grundsätzlich, daß auch für die besseren Böden eine Gründüngung, vor allem mit Leguminosen, in Betracht kommt. Früher glaubte man noch, daß eine Gründüngung sich nur auf den leichten und leichteren Böden lohnen würde.

Den nützlichen stickstoffbindenden Bodenbakterien wollte man durch geeignete Maßnahmen günstige Lebensbedingungen schaffen, so daß diese viel freien Stickstoff zu binden vermögen und so den Boden mit Stickstoff anreichern. In dieser Hinsicht ist das freilebende, aerobe stickstoffbindende Bakterium Azotobakter chroococcum von besonderer Bedeutung. Dieses ist nicht, wie z.B. im Brockhaus ABC der Landwirtschaft (1962), S. 93 angegeben, von BEIJERINCK entdeckt worden. HEINZE (1925) hat vermerkt, daß das Bakterium Azotobaktor KRÜGER heißen müßte, da KRÜGER - Vorsteher der bakteriologischen Abteilung der landwirtschaftliche Versuchsstation in Halle - es erstmals entdeckt habe.

HEINZE wurde 1905 Nachfolger von KRÜGER. Dieser konnte zusammen mit SCHNEIDEWIND durch genaue analytische Untersuchungen nachweisen, daß Azotobakter chroococcum den freien Stickstoff der Luft zu binden und auch reichlich zu sammeln vermag. HEINZE wurde für seine grundlegenden bodenbakteriologischen Arbeiten auf der 4. Internationalen Genetischen Konferenz im Jahre 1911 in Paris mit der Gregor-Mendel-Medaille ausgezeichnet (Abb. 10).

Abbildung 10 Georg-Mendel-Medaille

KRÜGER (1906) selbst äußert sich dazu wie folgt:

"Im Jahre 1897 fand ich im Boden des Versuchsfeldes des landwirtschaftlichen Institutes der Universität Halle a. S. eine interessante Mikroorganismenart, die an der Oberfläche in ihr zusagenden Nährflüssigkeiten, also bei unbeschränk-

tem Luftzutritt, reichlich Stickstoff bindet. BEIJERINCK und teils auch andere Forscher, die sich diesem Gegenstand später zuwandten, haben die von mir gemachte Entdeckung einfach ignoriert. Der Azotobakter, wie diese Organismengattung fast zwei Jahre nach meiner ersten kurzen Notiz darüber in den landwirtschaftlichen Jahrbüchern von BEIJERINCK benannt wurde, ist im Ackerboden fast allgemein in mehreren Arten verbreitet".

In der damaligen Zeit galt die Brache schon aus rein wirtschaftlichen Gründen als eine rückständige Ackerbaumaßnahme. Sie schien infolge zunehmender Anwendung mineralischer Düngung schon fast überall ganz aufgegeben zu sein. Jedoch wurden Fragen nach der Brachwirkung durch die Fortschritte von bodenphysikalischen und chemischen Erkenntnissen, vor allem aber durch die mikrobiologische Bodenkunde erneut Gegenstand von Untersuchungen. Solchen Untersuchungen haben sich HEINZE und KRÜGER in umfassender Weise gewidmet (vgl. HEINZE 1925). Ihr Versuchsplan beginnt mit folgender Fragestellung:

- Welche Formen und Mengen von Stickstoffverbindungen finden sich im "gebrachten" und im "nichtgebrachten" Boden?
- Ruft die Brache eine Veränderung im Bestande der Mikroorganismen im Boden nach Zahl und Art hervor?
- Sind im Ackerboden, besonders im "gebrachten" Boden, neben anderen Organismen auch Schimmelpilze vorhanden, die den freien Stickstoff der Luft aufzunehmen und zu verarbeiten vermögen?
- Welche Organismen sind an der Erzeugung der Ackergare beteiligt?
- Lassen sich die als nützlich oder schädlich erkannten Vorgänge im Boden durch besondere wirtschaftliche Maßnahmen beeinflussen, d.h. kann man solche Vorgänge fördern oder hemmen?

Als ein wesentliches Ziel der Untersuchungen wurde die Erfassung der durch die Brache hervorgerufenen mikrobiologischen Vorgänge im Boden und ihre Wirkungen angesehen und daß sich daraus eine nutzbringende Abänderung der Brachearten (grüne Brache, Johannisbrache oder Halbbrache) ergeben könnte.
Im agrikulturchemischen Laboratorium liefen Versuche, um die für alle wichtigen Lebenserscheinungen bedeutsamen Enzyme nach Möglichkeit zu isolieren. Die in diese Richtung zielenden Versuche hatten u.a. ergeben:

- Durch chemische Fällungsmittel lassen sich unmöglich Präparate herstellen, von deren Wirkung man auf die Zusammensetzung der Enzyme schließen könnte.
- Einen sehr günstigen Einfluß auf die Diastase, die hauptsächlich studiert wurde, üben Eiweißstoffe, Peptone und Asparagin aus; ob diese Körper die Diastase vor der Zersetzung durch proteolytische Enzyme als stete Begleiter der genannten Körper schützen, sollte noch dahingestellt bleiben.

➢ Schwache Säuren (wie Essig- und Zitronensäure) übten in ganz kleinen Mengen einen günstigen Einfluß auf die Wirkung der Diastase aus, erwiesen sich aber in Mengen von 0.01 % als sehr schädlich, während der Einfluß von Chloralkalien auf die Wirkung der Diastase sehr günstig war.

Die Ergebnisse der Untersuchungen können bzw. sollen hier nicht im einzelnen besprochen werden. Wenn auch - wie zu erwarten war- die Erträge einer 5gliedrigen Fruchtfolge ohne Brache deutlich höher lagen als die der Fruchtfolge mit Brache, so waren doch die Veränderungen im Boden durch die Brache (Salpeterstickstoffgehalt, Keimzahl u.a.) gegenüber dem unbearbeiteten Boden sehr aufschlußreich. Im Ergebnis der umfangreichen Untersuchungen konnte die Definition des Begriffs "Bodengare" gegenüber der früheren Definition wesentlich präziser, wie folgt gefaßt werden:

"Der gare Acker befindet sich in dem günstigsten chemischen, physikalischen und biologischen Zustand, den er seiner Natur nach überhaupt erreichen kann".

4.3 Feldversuchsmethodik und ihre Tradition

Zu Zeiten LIEBIGs lag das Schwergewicht bei Gefäß- und Feldversuchen auf der *qualitativen Fragestellung*, d.h. die Suche der für das Pflanzenwachstum wichtigsten Nährstoffe stand im Vordergrund. So ist es verständlich, daß in den Lauchstädter Versuchen der ersten Jahre vielfach geprüft wurde, wie sich die Unterlassung der Düngung mit einem oder mehreren Nährstoffen (N, P, K) auf die Erträge und die Entzüge der Pflanzen auswirkt. Aber bald schon gab es Versuche mit der aus heutiger Sicht viel entscheidenderen *quantitativen Fragestellung*, wie z.B. die Wirkung von gesteigerten Stickstoff- und Stalldunggaben.
In der Entwicklung der Feldversuchsmethodik lassen sich hier über den Gesamtzeitraum des Bestehens der Forschungsstätte im wesentlichen drei Etappen unterscheiden. Die erste Etappe (1895-1925), die in diesem Abschnitt behandelt wird, die zweite Etappe (s. Abschn. 5.4.), die bis 1953 reicht und schließlich die dritte Etappe (s. Abschn. 6.4) bis heute.
Die Versuche der 1. Etappe in den ersten Versuchsjahren hatten recht große Teilstücke, da die Aufgabe der Versuchswirtschaft viel mehr auf die praktische Erprobung als auf wissenschaftliche Forschung gerichtet war. So hatte der erste größere Düngungsversuch Teilstückgrößen von 336 m^2 (im Bericht als klein bezeichnet!). Der nun über mehr als neun Jahrzehnte laufende "Statische Düngungsversuch" hatte anfangs 500 m^2 große Parzellen und die Parzellengröße eines Gründüngungsversuchs war sogar 1 170 m^2. Die Sortenversuche wurden mit 1 000 bis 1 500, meist mit 1 250 m^2 großen, verhältnismäßig langen, schmalen Parzellen durchgeführt.
Ab 1906 wurden dann schon spezielle Düngungsversuche (Düngerformen und -zei-

ten) nach der WAGNERschen Methode auf 100 m^2 großen quadratischen Parzellen in 3 bis 4facher Wiederholung angelegt. Diese Versuche - veranlaßt durch die Deutsche Landwirtschafts-Gesellschaft (DLG) - liefen in der Versuchswirtschaft Lauchstädt und Groß-Lübars sowie in ausgedehntem Maße in der Provinz Sachsen auf den verschiedensten Bodenarten.
In der Auswahl eines bodenmäßig ausgeglichenen Feldstückes wurde eine wichtige Voraussetzung zur Erzielung exakter Versuchsergebnisse gesehen.
SCHNEIDEWIND wahrte eine Tradition, die schon von GROUVEN begonnen und von MAERCKER weitergeführt worden war, denn er hat sich ebenfalls versuchsmethodischen Fragen gewidmet, speziell im Hinblick auf Parzellengröße, Rand- und Nachbarwirkung auf die Parzellenerträge und die damals umstrittene Wahrscheinlichkeitsrechnung. Schon nach dem 1. Weltkrieg war bei den Getreideversuchen die gebräuchliche Parzellengröße 12,5 m^2 bei durchschnittlich fünf Wiederholungen. Die zunehmend größere Anzahl der zu prüfenden Varianten erforderte kleinere Parzellengrößen, damit stieg die Anzahl der Versuchsparzellen beachtlich an.
Für die Mehrzahl der Versuche galt die einfaktorielle Vergleichsprüfung. Falls Wiederholungen angelegt wurden, geschah dies ohne Zufallsverteilung. Da die Versuchsflächen geringe Bodenunterschiede aufweisen, ist darin kein besonderer Nachteil zu sehen.
Ein 1906 angelegter Versuch gilt im heutigen Sinne als ein 2 x 2 x 2 Versuch mit den folgenden **3 Prüffaktoren und je 2 Stufen:**

A	Pflugzeiten	**B**	Stalldung	**C**	Pflugtiefe
a_1	Herbstfurche	b_1	ohne Stalldung	c_1	flach
a_2	Frühjahrsfurche	b_2	300 dt/ha Stalldung	c_2	tief

Die Stufen des Faktors A bildeten das Großteilstück, innerhalb dessen die Mittelteilstücke, Stufen "ohne" und "mit" Stalldung lagen, in denen wiederum die Kleinteilstücke mit beiden Pflugtiefen angelegt waren. Allen diesen Versuchen lag das Prinzip der Spaltanlage zugrunde, so auch dem erwähnten Statischen Düngungsversuch seit 1902. Die Teilstücke wurden nachträglich oftmals zur Eingliederung von weiteren Varianten unterteilt.
Eine systematische Auswertung der mehrfaktoriellen Versuche war damals wegen fehlender Wiederholungen noch nicht gegeben, insbesondere aber fehlte es noch an klar definierten Begriffen wie Hauptwirkung, Wechselwirkung und Kombinationswirkung, mit denen heute mathematisch-statistisch bei der Auswertung solcher Versuche gearbeitet wird.

5 Die Zeit bis zum Ende des 2. Weltkrieges

5.1 Ausbau der Versuchswirtschaft zur Forschungsstätte

Im Jahre 1925 trat SCHNEIDEWIND in den Ruhestand und sein langjähriger Assistent, MÜNTER, übernahm die Leitung der Versuchsstation mit der ihr angeschlossenen Versuchswirtschaft Lauchstädt. Diese wurde im folgenden Jahr 1926 der Akkerbauabteilung der Landwirtschaftskammer für die Provinz Sachsen angegliedert und somit übernahm der Vorsteher dieser Ackerbauabteilung Prof. Dr. J. HAHNE, ebenfalls ein Schüler SCHNEIDEWINDs, die Oberleitung über die Forschungsstätte.

Die Konzentration der Versuchstätigkeit in Lauchstädt, speziell die nach wissenschaftlichen Methoden auszuführenden Feldversuche, verlangte die Einbeziehung von Untersuchungen der Ernteprodukte und Bodenproben in einem eigenen Laboratorium am Standort der Versuchsdurchführung. Dies wurde möglich, als das im Jahr 1930 im Bau begonnene Institutsgebäude in Bad Lauchstädt (das jetzige Hauptgebäude) im April des folgenden Jahres bezogen werden konnte. Es verbesserte die Arbeitsbedingungen der Mitarbeiter und ersparte den Transport der Proben zur Untersuchung nach Halle. Damit wurde zugleich die "Agrikulturchemische Versuchsstation" in Halle a.S. mit der Versuchswirtschaft Lauchstädt zu der "Versuchsanstalt für Pflanzenbau" (vgl. Anlage 2) verschmolzen. Vom 1. April 1931 an wurden sämtliche Arbeiten der Forschungsstätte in der Versuchsanstalt für Pflanzenbau erledigt.

Abbildung 11 Hauptgebäude, errichtet 1931 (Foto: Neuheiser)

Abbildung 12 Laborgebäude für bodenphysikalische Untersuchungen, fertiggestellt 1952 (Foto: Neuheiser)

Im Jahre 1952 konnte noch ein weiteres Laborgebäude für bodenphysikalische Untersuchungen hinzugefügt werden. Aber schon zu Beginn der 30er Jahre war eine, den wissenschaftlichen Anforderungen entsprechende Forschungsstätte in Bad Lauchstädt gebildet worden.

Wenn von einer "Forschungsstätte" die Rede ist, so meint man eigentlich einen Ort, wo die wissenschaftliche Arbeit geleistet wird. Das trifft allerdings für die Lauchstädter landwirtschaftliche Forschungsstätte - ihr ursprünglicher Name ist Versuchswirtschaft - noch viele Jahre nach ihrer Gründung nicht zu. Der führende Teil der Agrikulturchemischen Versuchsstation einschließlich Laboratorium blieb weiterhin in Halle. Erst nachdem im Jahre 1931, wie oben dargelegt, das Hauptgebäude am Versuchsfeld in Bad Lauchstädt mit eigenem Laboratorium, Aufbewahrungs- und Aufbereitungsräumen sowie Büros errichtet worden war, verlagerte sich die Versuchsauswertung und -interpretation und damit die eigentliche wissenschaftliche Arbeit nach Lauchstädt.

HAHNE hatte als Leiter der Ackerbauabteilung der Landwirtschaftskammer unmittelbaren Einfluß auf die Gestaltung der Lauchstädter Versuchsdurchführung, während sein Mitarbeiter Prof. Dr. W. SELKE die agrikulturchemischen Probleme bearbeitete und die landwirtschaftliche Versuchsanstalt (vgl. Anlage 2) von 1938 bis 1942 leitete.

HAHNE hat den Versuchsumfang durch Aufnahme zahlreicher anbautechnischer Versuche und durch Kleinparzellen mit mehrfacher Wiederholung wesentlich erwei-

tert. Schon im Jahre 1927 leitete er Versuchsserien anbautechnischer Versuche ein, wie Aussaatzeiten-, Aussaatmengen- und Standweitenversuche mit verschiedenen Pflanzenarten.
Der Initiative HAHNEs ist nicht nur die große Ausdehnung der Versuchswirtschaft zu verdanken, er hat auch eine Ausbildungsstätte für Versuchstechniker in Bad Lauchstädt ins Leben gerufen. Der alljährliche Lehrgang für die Ausbildung der Versuchstechniker begann am 15. März 1930. Dabei wurde die praktische Ausbildung unterstützt durch Arbeiten in der "Versuchsvereinigung Lauchstädt" (s. Abschn. 5.3.) und ergänzt durch theoretischen Unterricht. In einem "Taschenbuch für den Wirtschaftsberater" aus den 30er Jahren findet man unter "Schulen und Ausbildung" u.a. folgenden Hinweis:

*"**Ausbildung von Versuchstechnikern** in der Zeit vom 1. April bis 1. Oktober jeden Jahres. Die Ausbildung erstreckt sich auf alle Fragen der Versuchstechnik, auf Sortenkunde und Ackerbaufragen. Versuchstechniker finden bevorzugte Verwendung als Versuchs- und Saatbautechniker.*
Voraussetzungen: 2-3jährige landwirtschaftliche Praxis, Abschlußzeugnis einer Landwirtschaftsschule oder höheren Landbauschule.
Kosten entstehen nicht. Es wird frei Unterkunft und Taschengeld nach Vereinbarung gewährt."

Der letzte Lehrgang war von September 1956 bis August 1959. Die Lehrgangsteilnehmer erhielten nach bestandener mündlicher und schriftlicher Prüfung die Berufsbezeichnung "Staatlich geprüfter technischer Assistent der Landwirtschaft". Dieser Abschluß berechtigte zum Hochschulstudium der Landwirtschaft.

5.2 Erweiterung der Versuchsdurchführung

Der Sortenwirrwarr war bei den Getreidearten, insbesondere beim Winterweizen, erschreckend groß.
Seit 1923 sind auch die Sortenversuche den Anforderungen der modernen Technik angepaßt. Aufgrund von Tausendkorn- und Triebkraftbestimmungen jeder einzelnen Sorte wurde die jeweilige Aussaatmenge so errechnet, daß auf die Flächeneinheit die gleiche Anzahl keimfähiger Körner gedrillt werden konnte. Die endgültige Aussaatmenge in den Sortimenten wie auch die Düngung im allgemeinen entsprachen der in der landwirtschaftlichen Praxis üblichen. Die Anzahl der jährlich geprüften Sorten bei jeweils verschiedenen Pflanzenarten war in den verschiedenen Zeitperioden unterschiedlich; sie war von 1924 bis 1936 am größten. So wurden im Jahre 1929 sogar 78 Winterweizensorten geprüft.
Von 1926 bis 1945 sind die Fragen der organischen Düngung - außer den Auswertungen mit dem Material des Statischen Düngungsversuches - nicht mit gleicher Intensität bearbeitet worden. Der Schwerpunkt der Versuchsdurchführung hatte sich,

wie oben schon angedeutet, mehr auf anbautechnische Versuche, Fruchtfolgeversuche, Ertragsvergleiche von Pflanzenarten u.a. verlagert. Ab Mitte der 30er Jahre wurde von SELKE verstärkt der Einfluß der mineralischen Düngung auf den Ertrag und die Qualität des Getreides untersucht. Seine international anerkannten Arbeiten, durch zusätzlich spät verabreichte N-Düngung zu Getreide, vor allem den Rohproteingehalt, zu erhöhen und bei Weizen die Backfähigkeit zu verbessern, ergaben das bald in die Praxis eingeführte Verfahren der "Stickstoffspätdüngung". Damit war der N-Düngung die durch die Lagergefahr gesetzte Grenze durchbrochen, die späte N-Düngung konnte zusätzlich zu der sonst üblichen N-Gabe ohne erhöhte Lagergefahr verabreicht werden. Schließlich wurde es durch standfestere Sorten und halmverkürzende Mittel (wie CCC und Camposan) möglich, bei hoher N-Düngung das Ertragsmaximum ohne Minderung durch Lagergetreide zu erreichen.
Historisch ist interessant, daß schon 1916 in zwei N-Düngungsversuchen eine späte N-Gabe zu Winterroggen zur Zeit der Blüte verabfolgt wurde. Daß das Ergebnis im wesentlichen negativ ausfiel, ist wohl auf die angewandte N-Düngerform zurückzuführen sowie darauf, daß die späte N-Gabe nicht zusätzlich zur normalen verabreicht wurde. Zu dieser Zeit war in Düngungsversuchen gelegentlich auch schon ein Prüfglied mit Strohdüngung + einer mineralischen N-Gabe enthalten.
Während des 2. Weltkrieges und danach wurden Sortenversuche mit Hülsenfrüchten in zunehmend stärkerem Maße durchgeführt, um einerseits die Eiweißlücke für die menschliche Ernährung zu schließen, andererseits sollten die Stoppel-. und Wurzelrückstände der Leguminosen einen Teil der verminderten N-Düngung ersetzen.
In großer Anzahl wurden erstmals anbautechnische Versuche systematisch, meist bis zu Beginn des 2. Weltkrieges durchgeführt, darunter: ab 1926 Saatgutvorbehandlung (Beizversuche), ab 1927 Saatenpflege und Aussaatzeiten mit Winterweizen, Zuckerrüben sowie später mit anderen Pflanzenarten; Aussaatmenge und Standweiten zuerst mit Zuckerrüben, Ende der 20er Jahre auch mit Getreide und bald mit weiteren Pflanzenarten. Einen Schwerpunkt bildeten ferner Nachbauprüfungen von zahlreichen Kartoffelsorten aus Sorten- und Düngungsversuchen zur Bewertung des Gesundheitszustandes der Pflanzkartoffeln für das abbaugefährdete Gebiet um Halle. Die Anzahl der Jahre mit Saatzeitenversuchen ist bei Winterweizen (= 23) und bei Zuckerrüben (= 18) am größten. Mit diesen Versuchen wurden oft zugleich ausgewählte Sorten bei den Pflanzenarten auf mögliche unterschiedliche Reaktionen der anbautechnischen Maßnahmen untersucht. Wenn auch eine Wechselwirkung (Sorte x Maßnahme) meist nur gering oder nicht vorhanden war, so wurden auf diese Weise dann doch recht genaue und zuverlässige Ergebnisse bezüglich der Wirksamkeit abgestufter Maßnahmen erzielt.

5.3 Landwirtschaftliche Versuchsvereinigung Bad Lauchstädt und Umgebung

Der in jener Zeit traditionsmäßig gute Kontakt zwischen Mitarbeitern der Forschungsstätte und Landwirten in Bad Lauchstädt und dessen Umgebung wurde unter der Regie HAHNEs besonders gepflegt. So wurde im September 1926 eine "Landwirtschaftliche Versuchsvereinigung Bad Lauchstädt und Umgebung" gegründet, der damals 28 Mitglieder (Landwirte) angehörten (vgl. Anlage 3). In der Satzung (§ 2) der Versuchsvereinigung heißt es:

"Der Verein hat den Zweck, in Verbindung mit der Landwirtschaftskammer, für die Provinz Sachsen seinen Mitgliedern durch Anstellung von Versuchen und sachgemäße Beratung die Ausnutzung der wissenschaftlichen und praktischen Errungenschaften der Landwirtschaft für die besonderen Bedürfnisse ihres Wirtschaftsbetriebes zu vermitteln."

Man war der Meinung, daß auf diese Weise bereits erprobte Maßnahmen am schnellsten auf die breite Praxis übertragen werden würden. Dabei sollten Düngungsfragen mehr auf die besonderen Bedingungen der Einzelwirtschaften, wie Bodenbeschaffenheit, Kulturzustand des Bodens, Betriebsverhältnisse u.a.m., bezogen beantwortet werden können, auch wenn die Versuchsstation unter ähnlichen Verhältnissen einschlägige Versuche durchführe. Zum anderen ließe sich in Zusammenarbeit mit der Versuchswirtschaft Doppelarbeit vermeiden. Schließlich wäre ein solcher Zusammenschluß und die Zusammenarbeit mit der Versuchswirtschaft in der damals wirtschaftlich so schweren Zeit für den fortschrittlichen Landwirt unentbehrlich.

Der § 15 der Satzung sagt folgendes aus:

Verbinding mit der Landwirtschaftskammer

"Die wissenschaftliche Leitung der Versuchsvereinigung liegt in den Händen der Versuchwirtschaft LAUCHSTAEDT der Landwirtschaftskammer für die Provinz Sachsen. Die Versuchsvereinigung ist der Landwirtschaftskammer für die Provinz Sachsen angeschlossen und wird von der Ackerbauabteilung beraten. Von sämtlichen Sitzungen des Vorstandes und der Mitgliederversammlung ist die Ackerbauabteilung der Landwirtschaftskammer zu benachrichtigen. Sie ist berechtigt, einen Vertreter der Landwirtschaftskammer zur Teilnahme an diesen Sitzungen zu entsenden. Dieser Vertreter hat sowohl in den Sitzungen der Mitgliederversammlung als auch in denen des Vorstandes beratende Stimme."

Die Gründung einer "Landwirtschaftlichen Versuchsvereinigung" war damals nicht auf Bad Lauchstädt beschränkt, sondern allgemein in der Provinz Sachsen verbreitet (vgl. HAHNE 1927). Dies ist bisher in der Geschichte der Landwirtschaft der Provinz Sachsen kaum beachtet worden, so daß es angebracht erscheint, noch kurz dar-

auf einzugehen:
Die Notlage der Landwirtschaft in den Jahren nach dem 1. Weltkrieg erforderte, die Betriebsmittel äußerst sparsam einzusetzen und erhöhte Aufwendungen nur dann vorzunehmen, wenn damit eine höhere Rente erzielt wird. Für solche Entscheidungen sollte der Feldversuch die notwendigen sicheren Unterlagen liefern. Die seinerzeit schon fortgeschrittenen Erkenntnisse erforderten nunmehr die besonderen Bedingungen der Einzelwirtschaft zu berücksichtigen, indem praktische Feldversuche durchgeführt und anhand ihrer Ergebnisse mögliche Produktions- und Rentabilitätssteigerungen genutzt wurden. Die erheblichen Kosten für die Versuchsdurchführung konnten aber nur sehr große landwirtschaftliche Betriebe bestreiten und so kam es bekanntlich, durch Prof. Dr. Th. ROEMER, Halle und Gutbesitzer REINHARDT veranlaßt, zur Gründung von Versuchsringen, die in Gegenden mit überwiegendem Großgrundbesitz einen unerwartet schnellen Aufschwung nahmen.
Da von der damals gesamten landwirtschaftlich genutzten Fläche rd. 80 % dem bäuerlichen Besitz angehörten und gerade diese Betriebe einer intensiven Beratung und Versuchsanstellung bedurften, wollte man nach Gründung der Versuchsringe im Großgrundbesitz auch den bäuerlichen Besitz entsprechend organisieren. Indessen ergaben sich dabei erhebliche Schwierigkeiten: Entweder wurde die zusammengeschlossene Fläche zu klein, um die Unkosten, dem Versuchsring entsprechend, tragen zu können oder die Anzahl der zusammengeschlossenen Wirtschaften wurde derart groß, daß sich keine zweckdienliche Tätigkeit entfalten konnte. Daher mußten Mittel und Wege gefunden werden, die Versuchsorganisation in zweckmäßiger Struktur mit geringerem Kostenaufwand zu schaffen.
Die Landwirtschaftskammer für die Provinz Sachsen, vor allem die Ackerbauabteilung unter Leitung von HAHNE, ging davon aus, daß bereits vorhandene Organisationen möglichst genutzt werden müßten, indem die zahlreich vorhandenen landwirtschaftlichen Schulen mit der Organisation des Klein- und Mittelbetriebes betraut werden; insbesondere die Leiter und Stellverterter dieser Schulen sollten ohne eine finanzielle Belastung für die Landwirte die Oberleitung und Beratung übernehmen. Bei wissenschaftlicher Leitung und Beaufsichtigung konnte dann auch ein gut ausgebildeter Versuchstechniker die in einer Versuchsorganisation zu leistenden technischen Arbeiten ausführen. In den entsprechenden von der Landwirtschaftskammer gegründeten "Versuchsvereinigungen" hatte sich eine große Anzahl von Landwirten, vor allem des Mittel- und Kleinbesitzes zusammengeschlossen. Die Versuchstechniker wurden von der Landwirtschaftskammer in besonderen Lehrgängen in der Versuchswirtschaft Lauchstädt praktisch und theoretisch ausgebildet (s. Abschn. 5.1.).

5.4 Erneuerte Feldversuchsmethodik

Die 1. Etappe in der Entwicklung der Feldversuchsmethodik fand (s. Abschn. 4.3.) im Jahre 1925 sozusagen ihren Abschluß. Dieses Jahr ist der Beginn der 2. Etappe, mit der eine neue Phase eingeleitet wird. Das Verdienst, die neue Feldversuchsme-

thodik eingeführt zu haben, ist HAHNE zuzusprechen.
Ab 1925 wird bereits mit den heute üblichen Teilstückgrößen gearbeitet; anstelle der über viele Jahre meist üblichen Großparzelle je Prüfglied treten 4-6fache Wiederholungen. Mit dieser Entwicklung stieg die jährliche Anzahl der Versuchsparzellen ganz gewaltig an. Waren in den ersten 15 Jahren im Durchschnitt jährlich auf dem Versuchsfeld 600-800 Versuchsparzellen vorhanden, so stiegen diese im Jahre 1925 auf über 4 000 und 1930 auf 15 000 sowie auf 800 Gefäßversuche in der Vegetationsstation an (GRÖBLER 1930).
Da für diese große Anzahl Parzellen das Versuchsfeld nicht mehr ausreichte, wurden noch 25 Hektar hinzugepachtet, so daß die Versuchswirtschaft über 80 Hektar zur Verfügung hatte.
HAHNE leitete auch Versuche mit anbautechnischer Fragestellung bei wichtigen Pflanzenarten in großem Umfange ein (Aussaatzeiten-, Standweiten- Saatgutbehandlungs- und -vermehrungsversuche u.a.m.).
Damals wurde besonders von ROEMER (1925) die Forderung nach größerer Versuchsgenauigkeit erhoben. Er hoffte damit z.B. dem genetisch bedingten prozentualen Unterschied der Ertragsleistung zweier Sorten immer näher zu kommen.
So wurde seit 1926 an der Forschungsstätte die Standardabweichung für die Mittelwerte ($s_{\bar{x}}$) aus den Wiederholungen für jedes Prüfglied berechnet. Die damals als m% bezeichnete Größe entspricht der jetzt als

$$s\% = \frac{s_{\bar{x}}}{\bar{x}} * 100$$

berechneten Standardabweichung in % des Prüfgliedmittels. Als Genauigkeitsgrenze bei Sortenversuchen mit Getreide galten m% = 5 und m% = 8 bei Sortenversuchen mit Hackfrüchten, bei deren Überschreitung das betreffende Prüfglied von der weiteren Auswertung ausgeschlossen werden sollte. Diese Feststellung der heute als Wiederholungs- und Treffgenauigkeit bezeichneten Testgrößen erlaubte aber noch nicht, Prüfglieddifferenzen nach dem Verfahren der Wahrscheinlichkeitsrechnung zu prüfen.
Die Forderung nach größerer Genauigkeit der Feldversuche hatte vor allem die Frage nach der "zweckmäßigsten" Anlagemethode von Feldversuchen in den Vordergrund gerückt. Die schon um 1920 von MITSCHERLICH geforderten Flächengrößen von 10 m^2 für Getreide und 20 - 25 m^2 für Hackfrüchte fanden bald mehr Beachtung. Dies ist auch besonders den im Jahre 1921 auf Initiative von ROEMER gegründeten Versuchsringen zu verdanken, die um 1925 den größten Teil ihrer Versuche sogar mit 6 Wiederholungen pro Versuchsglied anlegten.
Schachbrett-, Standard- und Langparzellenanlagen sowie später die Anlage von MITSCHERLICH waren an der Forschungsstelle die üblichen Anlagemethoden. Indem HAHNE die kleine Parzellengröße einführte, konnte der Umfang der Versuche ab 1931 wesentlich erweitert werden.

6 Die Entwicklung nach dem 2. Weltkrieg bis 1970

6.1 Neuorganisation des Versuchs- und Untersuchungswesen

Nach dem 2. Weltkrieg gab es zunächst nur begrenzte Arbeitsmöglichkeiten und es galt, mit gutem Aufbauwillen, die notwendig gewordenen Arbeiten durchzuführen. Zum Glück blieben die Versuchsanstalt in Bad Lauchstädt und auch die Kontrollstation Halle in ihrer Substanz während des Krieges gut erhalten, so daß der Wiederbeginn der Forschungs- und Untersuchungstätigkeit verhältnismäßig schnell vor sich ging. Die Versuchsstationen waren zunächst den Landwirtschaftsministerien der Länder und nach Aufhebung der Länderministerien, dem Ministerium für Land- und Forstwirtschaft in Berlin unterstellt.1948 wurde Prof. Dr. H. RÜTHER als Leiter der Versuchsanstalt bestätigt. Die Forschungsstätte Bad Lauchstädt - damalige Bezeichnung ab 1945: "Landesversuchsanstalt der Landesregierung Sachsen-Anhalt" - wurde als Forschungsstelle für Acker- und Pflanzenbau (s. Anlage 2) in die am 17. Januar 1951 gegründete "Deutsche Akademie der Landwirtschaftswissenschaften zu Berlin" (DAL) eingegliedert. Mit der Bildung der Sektion "Landwirtschaftliches Versuchs- und Untersuchungswesen" setzte zugleich eine neue Phase in der Organisation des Versuchswesens ein. Die Auswahl und Durchführung von Versuchen - bisher jeder Versuchsanstalt freigestellt - wurde nunmehr zur Vermeidung von Doppelarbeit von der Sektion koordiniert.

Aufgrund einer Anordnung der Deutschen Akademie der Landwirtschaftswissenschaften vom 30. April 1953, veröffentlicht im Gesetzblatt der DDR Nr. 64 vom 15. Mai 1953, über die Übernahme der bis dahin bestehenden Versuchs- und Untersuchungsanstalten, wurde das "Institut für Landwirtschaftliches Versuchs- und Untersuchungswesen" Halle-Lauchstädt (nachfolgend: Institut für LVU) gebildet. Dieses entstand aus dem Zusammenschluß der bis dahin existierenden Forschungsstelle für Acker- und Pflanzenbau Bad Lauchstädt mit seinem Wirtschaftsbetrieb und den Außenstellen (Versuchsstationen) einerseits und dem bis dahin vorhandenen Landwirtschaftlichen Untersuchungsamt Halle, Gustav-Nachtigal-Str. 19 mit der angegliederten Bodenuntersuchung, Halle, Mühlweg 22, andererseits. Parallel entstanden die LVU-Institute in Jena, Leipzig, Potdam und Rostock.

Das Institut für landwirtschaftliche Versuchs- und Untersuchungswesen Halle-Lauchstädt gliederte sich wie folgt:

Direktorium mit Verwaltung Halle, Gustav-Nachtigall-Str. 19
Direktor: Prof. Dr. RÜTHER, Bad Lauchstädt
Stellv. Direktor: Dr. BETHMANN, Halle/Saale

Abt. A: Landwirtschaftliches Versuchswesen
Leiter: Prof. Dr. RÜTHER, Bad Lauchstädt, Hallesche Straße 44
Vertreter: Dr. REHM, Bad Lauchstädt, Hallesche Straße 44

Abt. B: Saat- und Pflanzgutuntersuchungen
Leiter: Dr. BETHMANN, Halle/Saale, Gustav-Nachtigal-Straße 19
Vertreter: Dr. LUDWIG, Halle/Saale, Gustav-Nachtigal-Straße 19

Abt. C: Landwirtschaftlich-chemisches Untersuchungswesen
Leiter: Prof. Dr. SELKE, Bad Lauchstädt, Hallesche Straße 44
Vertreter: Dr. SCHÜTZLER, Halle/Saale, Gustav-Nachtigal-Straße 19

Nach Prof. Dr. EGGEBRECHT übernahm BETHMANN 1947-1952 als Direktor die Leitung des landwirtschaftlichen Untersuchungsamtes in Halle, unterstützt von SELKE, der von 1945-1955 Leiter der agrikulturchemischen Abteilung war und danach als Direktor des Instituts für LVU nach Potsdam berufen wurde. Im Jahr 1953 übernahm RÜTHER als Direktor das LVU-Institut Halle-Lauchstädt und BETHMANN die Leitung der Abteilung für Saat- und Pflanzgutuntersuchung.
Der Ausbau der LVU-Institute, vereint in der Sektion 10 der AdL unter Leitung von NEHRING, setzte jetzt verstärkt ein, wobei alle Abteilungen im LVU-Institut Halle-Lauchstädt relativ gut besetzt waren. Die Zahl der Mitarbeiter war somit in Halle-Lauchstädt auch wesentlich größer als in den vergleichbaren anderen LVU-Instituten (Tab. 3).

Tabelle 3: Anzahl der Mitarbeiter in den Instituten für Landwirtschaftliches Versuchs- und Untersuchungswesen 1953 (nach NEHRING, 1955)

	Halle-Lauchstädt	Jena	Leipzig	Potsdam	Rostock
wissenschaftliche Kräfte	20	32	16	12	15
technische Kräfte	260	193	157	189	179
Hilfskräfte	151	57	45	43	11
	431	282	218	244	205

Alle Institute glichen strukturmäßig dem Institut Halle-Lauchstädt.
Die Forschungsstätte in Bad Lauchstädt bildete die Abteilung A; ihre wichtigste Aufgabe bestand in der Durchführung exakter Feldversuche auf dem Gebiet des Akker- und Pflanzenbaues, insbesondere auch für die landwirtschaftliche Praxis.
Das nach den neuesten Erkenntnissen arbeitende Feldversuchswesen verfügte im Institut Bad Lauchstädt (im Jahre 1953) über 64 ha Versuchsfläche. Zur Klärung von standortbedingten Fragen waren dem Institut folgende Außenstellen angegliedert:

Trossin/Kreis Torgau mit 19 ha Versuchsfläche
Leiter: Dr. LORENZ

Vollenschier/Kreis Gardelegen mit 22 ha Versuchsfläche
Leiter: Dipl.-Landw. W. SCHNEIDER
Hechendorf/Kreis Querfurt mit 7.5 ha Versuchsfläche
Leiter: Landw.-techn. Assistent P. ROCHOW
Herrenhölzer/Kreis Genthin mit 6 ha Versuchsfläche
Leiter: Landw.-techn. Assistent F. ECKARDT
Heiligenstock/Kreis Wernigerode mit 5.7 ha Versuchsfläche
Leiter: Dr. MEYER

Ferner wurden der Abteilung A die beiden Wirtschaftsbetriebe unterstellt:

Bad Lauchstädt/Kreis Merseburg mit 460 ha Wirtschaftsgröße
Leiter: J. LUX, Dipl.-Agronom K.-H. MENDE
Brumby/Kreis Calbe (Saale) mit 24 ha Wirtschaftsgröße.
Leiter: Dipl.-Landw. E. OBEREMBT

Durch die Bodenreform gelangte 1946 die Domäne Lauchstädt mit ihren Wirtschaftshöfen und den zugehörigen Flächen wieder an die Forschungsstätte. Damit konnten wieder, wie MAERCKER geplant hatte, die Überleitung der Forschungsergebnisse in die Praxis in einem angeschlossenen Lehr- und Versuchsgut vorgeführt und die pflanzenbaulichen Fragen durch Tierhaltungs- und betriebswirtschaftliche Untersuchungen ergänzt werden.
Mit der Bildung der "Kooperativen Abteilung Pflanzenproduktion" (KAP) schied 1972 die Versuchswirtschaft aus dem Verband der Forschungsstätte wieder aus.
Auf die guten Beziehungen von ROEMER vom Landwirtschaftlichen Institut der Universität Halle zu den Wissenschaftlern der Forschungsstätte Bad Lauchstädt sei hier noch hingewiesen: ROEMER kam jährlich mindestens ein- bis zweimal mit seinen Studenten und Mitarbeitern nach Bad Lauchstädt, um hier auf dem Versuchsfeld am Objekt den Erfahrungsaustausch zu pflegen. Auch sein persönlicher Kontakt mit den Wissenschaftlern SCHNEIDEWIND, MÜNTER und RÜTHER war gut. Auf Anregung von ROEMER hat sich RÜTHER an der landwirtschaftlichen Fakultät Halle mit der Arbeit über "Ertragssteigerung beim Leguminosenbau auf unseren leichten Böden" habilitiert. ROEMER und seine Mitarbeiter konnten zahlreiche an der Forschungsstätte Bad Lauchstädt erzielten Ergebnisse für einige ihrer grundlegenden Arbeiten - z.B. für das "Lehrbuch des Ackerbaues" von ROEMER und SCHEFFER - auswerten. Viele Diplomarbeiten sind auf der Basis von Lauchstädter Versuchsmaterial verfaßt worden.
Das landwirtschaftliche Versuchs- und Untersuchungswesen war in der damaligen DDR mit seinen fünf Instituten beispielhaft aufgebaut, es bot zugleich ein Gerüst in das alle weiteren einschlägigen Maßnahmen sinnvoll eingegliedert werden konnten.

6.2 Versuchs- und Untersuchungstätigkeit

Die Höhe der Anwendung von Mineraldüngern war vor dem 2. Weltkrieg kein Problem, da die Produktion der Mineraldünger der Nachfrage angepaßt werden konnte. Die Verhältnisse änderten sich aber während und nach dem Kriege grundsätzlich. Der Zwang zur Ernährung der dichter gewordenen Bevölkerung nach dem Kriege fast ausschließlich aus der eigenen Scholle, die kleiner und in ihrer Fruchtbarkeit bedeutend schwächer geworden war, bestimmte wesentlich die Versuchspläne und ihre Durchführung.

Wichtig erschien es jetzt, die Ertragsrückgänge, die infolge der ungenügenden Versorgung mit Düngemitteln zu erwarten waren, in erträglichen Grenzen zu halten.

Die während des zweiten Weltkrieges vermehrt ausgeführten Versuche mit Öl- und Körnerhülsenfrüchten wurden nach dem Kriege mit stärkerer Intensität fortgesetzt. Zielstellung war, Wege und Möglichkeiten zur Schließung der bestehenden Fett-Eiweißlücke, vor allem für die menschliche Ernährung, aufzuzeigen.

RÜTHER (1956) hat in Versuchen die wichtigsten Winter- und Sommerölfrüchte auf Ertrag und Fettleistung miteinander verglichen und die Anbautechnik überprüft. Die Auswertung ergab im wesentlichen: Winterraps steht ertragsmäßig an erster Stelle, wobei die Wahl der richtigen Vorfrucht - am besten Leguminosen und frühräumende Hackfrüchte - und die Saatzeit (günstigste zwischen 15. und 25. August) auschlaggebend sind. Eine Erhöhung des Kornertrages bis zu 22 % ist durch eine Herbst- und Frühjahrshacke erzielbar. Bei den Sommerölfrüchtevergleichsversuchen erwies sich Sonnenblume neben dem Raps als leistungsfähigste Ölfrucht. Ihr folgen fettertragsmäßig Leindotter, Mohn, Senf, Ölfaserlein und Sommerraps.

Die Pflanzenbauforschung befaßte sich seit Gründung der Akademie vor allem mit Problemen der Fruchtfolgegestaltung, die das Ziel verfolgte, höchste Gesamterträge bei gleichzeitiger Erhaltung bzw. Steigerung der Bodenfruchtbarkeit zu erreichen. Dieser Frage wurde auf leichten Böden, wie im damaligen Institut für Acker- und Pflanzenbau Müncheberg, eine besondere Bedeutung zugemessen. Die umfangreiche Problematik dieses Arbeitsgebietes erforderte eine Beteiligung mehrerer Disziplinen, wie Bodenkunde, Mikrobiologie, Pflanzenbau, Phythopathologie und Betriebswirtschaft. Dazu bedürfte es kollektiven Zusammenwirkens und so kam es zur Gründung der Arbeitsgemeinschaft "Fruchtfolgen" im Jahre 1957. Sie trug intersektionellen Charkater und war bei der Sektion Pflanzenbau, Pflanzenzüchtung und Pflanzenschutz verankert.

Die noch weitgehend unzureichenden Mineraldüngermengen nach dem Kriege sind mit ein Grund dafür gewesen, daß schon im Jahre 1947 ein 12jähriger Großversuch angelegt wurde, um Wechselbeziehungen zwischen Vorfrucht und mineralischer Düngung zu untersuchen. Ein großer Fruchtfolgeversuch (1953-1971) war durch unterschiedliches Blatt- und Halmfruchtverhältnis sowie durch unterschiedliche Futter- und Zwischenfruchtanteile in den zu vergleichenden Fruchtfolgen charakterisiert.

Die "Prüfung der Selbstverträglichkeit verschiedener Leguminosenarten" (1954-1965) sollte klären, in welchem Umfang Leguminosen in eine Fruchtfolge aufgenommen werden können, ohne das Ertragsminderungen bei den Leguminosen eintreten.
Ein Fruchtfolge-Dauerversuch mit verschieden hohem Silomaisanteil lief von 1960 bis 1967. Ab 1950 wurden vereinzelt Bodenbearbeitsversuche durchgeführt. Eine intensive Bearbeitung der Problematik Bodenbearbeitung erfolgte erst in den 60er und 70er Jahren.
In den folgenden Jahren stand als Forschungsaufgabe die nachhaltige Verbesserung und Nutzung der Bodenfruchtbarkeit im Mittelpunkt. Damit gewannen mehrfaktorielle Versuche mit der Fragestellung nach dem Zusammenwirken wichtiger Intensivierungsfaktoren, wie Fruchtfolge, organische und mineralische Düngung einschließlich Bewässerung und Pflanzenschutzmaßnahmen, an Bedeutung. Auch wurden fast alle Versuche mehrjährig geplant und durchgeführt, um bei einer im wesentlichen gleichbleibenden Versuchsdurchführung auf derselben Versuchsfläche möglichst neben den üblichen Ertrags- und Qualitätsermittlungen an Enteprodukten u.a. auch langfristige Veränderungen von fruchtbarkeitsbestimmenden Bodeneigenschaften zu ermitteln. Bei der Auswertung dieser Versuche ergaben und ergeben sich auch heute noch Probleme hinsichtlich der Auswahl und Verfeinerung der Auswertungsmethode.
Die Zunahme der Anzahl an Versuchsparzellen war im Jahr 1955 z.B. gegenüber dem Jahr 1925 außerordentlich hoch, insbesondere, wenn man die Versuchsparzellen in den Außenstellen mit in Betracht zieht, wie folgende Gegenüberstellung zeigt (RÜTHER 1956, S. 16):

1925 4194 Versuchsparzellen und 800 Vegetationsgefäße
1955 9477 Versuchsparzellen und 1171 Vegetationsgefäße in Lauchstädt und 14278 Versuchsparzellen in den Außenstellen

Nach dem 2. Weltkrieg waren im Jahre 1950 über 2 500 und vier Jahre später über 3 500 Besucher zur Besichtigung der Forschungsstätte und besonders ihrer Feldversuche nach Bad Lauchstädt gekommen. Meist waren es Landwirte, vielfach auch Studenten und nicht selten hervorragende Persönlichkeiten: Landbauwissenschaftler, Landwirtschaftsminister und andere Politiker.
Außer dem vorstehend geschilderten starken Ausbau des Versuchswesens in Bad Lauchstädt hatte auch die Untersuchungs- und Kontrolltätigkeit schon zu Anfang der 50er Jahre in Halle stark zugenommen, wie Tabelle 4 ausweist.
Das LVU-Institut Halle-Lauchstädt lag in seinem Untersuchungsumfang an der Spitze der LVU-Institute und hat für die zu betreuenden Bezirke Halle und Magdeburg eine gute Beratungstätigkeit aufgebaut. Durch die Neuordnung der Bodenuntersuchung vom 26. Juni 1952 wurde gesetzlich für alle Betriebe ein 4jähriger Turnus der Untersuchungen festgelegt. Durch diese Hoheitsaufgabe der systematischen

Bodenuntersuchung der LVU-Institute mußte ein sehr arbeitsintensiver Ablauf von der Probenahme über die Untersuchung bis zur Kartierung und Beratung aufgebaut werden.

Tabelle 4 Umfang der Untersuchungstätigkeit Halle-Lauchstädt (nach RIMPAU, 1902 und NEHRING, 1955)

Proben	1860	1871	1880	1900	1913	1938	1947	1950	1953
Düngemittel-proben	71	725	2675	5298	11719	2690	162	1662	791
Futtermittel	-	9	782	1674	2716	554	111	365	535
Getreide, Ölfrüchte Mehl	-	-	-	-	-	331	913	2325	1867
Saat-gutproben	-	-	216	2 768	16171	17 779	16 021	28211	29031
Bodenproben	-	-	-	-	212	3 582	666	139452	446383
Milch u. Milch-produkte	-	-	45	23340	16849	2 271	303	1507	2298

Die systematische Bodenuntersuchung mit der Bestimmung der pflanzenverfügbaren Nährstoffe im Boden war einer der Grundpfeiler des Agrochemischen Untersuchungs- und Beratungsdienstes (ACUB) und für eine moderne Düngungsberatung unerläßlich. So war das Laborhauptgebäude in der heutigen Heinrich- und Thomas-Mann-Str. 19 in Halle für die gesamte Vorbereitung der Bodenuntersuchung nicht geeignet, so daß 1960 der Häuserkomplex der ehemaligen Gaststätte "Modler" in Halle-Büschdorf erworben wurde, wo die Arbeitsgruppe Beratung mit den Bodenprüfern und späteren Ingenieuren für Agrochemische Beratung ihren Sitz hatte.
Hier wurde dann auch die Siebstation für die Vorbereitung der Bodenproben eingerichtet und die Kartierung der Bodenuntersuchungsergebnisse durchgeführt. Die Untersuchungs- und Beratungstätigkeit für die Abteilung ACUB Halle erstreckte sich zunächst auf die Bezirke Halle und Magdeburg, später dann noch auf den Bezirk Potsdam. Durch die noch anfangs sehr kleinflächige Probenahme im ersten Untersuchungsturnus 1950 - 1955 von 0.70 Hektar je Probe im Durchschnitt bestand im Bodenlabor Halle ein sehr großer Untersuchungsumfang, der allein im Jahr 1953 bei etwa 450 000 Proben lag.
In fast 10jähriger Zusammenarbeit der LVU-Institute wurde die wissenschaftliche Arbeit stark auf die Entwicklung neuer Untersuchungsverfahren und Analysenmethoden ausgerichtet, um Futtermittel und insgesamt die Qualität landwirtschaftlicher Produkte besser beurteilen zu können. Neben dem Ausbau der systematischen Bo-

denuntersuchung mit der Aufnahme der Bestimmung des pflanzenverfügbaren Magnesiums nahm die Bestimmung der Spurenelemente zu, deren Bedeutung für die pflanzliche, tierische und auch menschliche Ernährung immer mehr erkannt wurde.
Durch eine Neuorientierung des Versuchs- und Untersuchungswesens im Jahre 1962 wurden die in Halle befindlichen Abteilungen B und C wieder abgetrennt und die damalige Forschungsstätte, Abteilung A, in Lauchstädt in ein "Institut für Saatgut und Ackerbau" umgewandelt, dem nun verschiedene Spezialaufgaben aus dem Gebiet der Pflanzenproduktion übertragen wurden.
Die Abteilung C wurde bis 1963 geleitet von Dr. SCHÜTZLER, gefolgt von Dr. ANSORGE bis 1964. Ab 1. Januar 1965 wurde das Untersuchungswesen als Zweigstelle für Untersuchungswesen Halle unter der Leitung von Dr. PETER dem Institut für Pflanzenernährung Jena angegliedert.
Die verschiedenen Analysenstrecken wurden entsprechend der Aufgabenstellung zunehmend zentralisiert, die Düngemitteluntersuchung am 1. Juni 1965 an das Institut für Düngungsforschung (IDF) Leipzig angegliedert, und die gesamte Futtermitteluntersuchung an die Zentralstelle für Futtermitteluntersuchung in Halle-Lettin übergeben.

6.3 Feldversuchswesen in der Praxis

Aufgrund der Anordnung vom 30. April 1953 über die Bildung der Institute für LVU wurde auch das sogenannte "Versuchswesen in der Praxis" ins Leben gerufen. Es sollte der Übertragung wissenschaftlicher Erkenntnisse in die landwirtschaftliche Praxis dienen und war in sieben Arbeitsgebiete der damaligen Bezirke Halle und Magdeburg eingeteilt. Auf der Basis der im Versuchsprogramm der DAL festgelegten Versuche wurden diese in LPG, VEG, Klubs junger Neuerer, Berufsschulen und bei Einzelbauern durchgeführt.
Die im folgenden genannten Arbeitsgebiete waren mit je einem Versuchsleiter besetzt, die der Abteilung A in Lauchstädt (s. Abschn. 6.1.) unterstanden:

Arbeitsgebiet **Altmark**
Versuchsleiter: Dipl.-Landw. H. SCHNEIDER
Kreise: Gardelegen, Calbe, Klötze, Osterburg, Salzwedel, Seehausen, Stendal, Tangerhütte

Arbeitsgebiet **Börde**
Versuchsleiter: Dipl.-Landw. E.A. LIEBESKIND
Kreise: Haldensleben, Magdeburg, Oschersleben, Wanzleben, Wolmirstedt, Schönebeck, Staßfurt

Arbeitsgebiet **Elbe**
Versuchsleiter: Dipl. Landw. H. DUNGER
Kreise: Burg, Loburg, Zerbst, Roßlau, Wittenberg, Gräfenhainichen

Arbeitsgebiet **Saale**
Versuchsleiter: Dipl.-Landw. H. RHENIUS
Kreise: Köthen, Saalkreis, Bernburg, Bitterfeld, Dessau, Merseburg, Eisleben, Hettstedt, Sangerhausen

Arbeitsgebiet **Bergland-Süd**
Versuchsleiter: Dr. CH. STELZNER
Kreise: Naumburg, Nebra, Weißenfels, Zeitz, Querfurt, Artern, Hohenmölsen

Arbeitsgebiet **Harz**
Versuchsleiter: Dipl.-Landw. Dr. H. RICHTER
Kreise: Wernigerode, Halberstadt, Quedlinburg, Aschersleben

Arbeitsgebiet **Grünland**
Versuchsleiter: Dipl.-Landw. H. SAWATZKY
Kreise: Grünland in der Altmark (ackerbaulich: Genthin Havelberg)

Im Jahre 1958 wurden z. B. rd. 450 Versuche in Praxisbetrieben angelegt. Mit diesen Versuchen konnten die an Instituten bereits erprobten Ergebnisse in die breite Praxis übertragen und unter den verschiedensten Bedingungen überprüft werden.
Mit der Bildung der Landwirtschaftlichen Produktionsgenossenschaften wurden die der Demonstration dienenden Versuche in der praktischen Landwirtschaft eingestellt.
Die Wissenschaftler des Institutes hielten in Wintertagungen über einschlägige Fragen der Landwirtschaft Vorträge. Diese Vortragstätigkeit wurde gelenkt von dem Referat "Vortragswesen", mit dem Dipl.-Landw. E. KUNTZSCH, Halle a. S., betraut war. Neben der Veröffentlichung der Forschungsergebnisse erfolgte eine Unterrichtung der Praxis durch Beiträge populärwissenschaftlicher Art in Wochen- und Tageszeitungen. Praktische Demonstrationen am Objekt auf den Versuchsfeldern des Institutes und der Außenstellen sowie im Lehr- und Versuchsgut ergänzten die Veröffentlichungen. Sie trugen wesentlich zur Verbreitung wissenschaftlicher Erkenntnisse in der Praxis bei.
Die Arbeiten der Forschungsstätte waren jetzt besonders dadurch gekennzeichnet, daß sie fast immer zugleich ein wichtiges Bindeglied zwischen Wissenschaft und landwirtschaftlicher Praxis waren, während in den landwirtschaftlichen Instituten der Universität Halle von jeher die Grundlagenforschung Vorrang hatte.
So hatte sich der Aufgabenkreis der Forschungsstätte wesentlich erweitert. Aus der ehemaligen Versuchswirtschaft war nunmehr ein Institut für Landwirtschaftliches Versuchs- und Untersuchungswesen geworden mit zahlreichen Außenstellen und einem gut organisierten "Versuchswesen in der Praxis". Die Verbindung der Forschungsstätte Bad Lauchstädt und der Universität Halle wurde u.a. durch die Wiederaufnahme der Lehrtätigkeit durch RÜTHER gefestigt.

6.4 Feldversuchsmethodik

Der Beginn der dritten Etappe ab 1953 ist durch die Einführung der Varianzanalyse (VA) und entsprechende Anlagemethoden gekennzeichnet.
Bei einigen wenigen Versuchen sind noch m%-Werte prüfgliedweise berechnet worden, bei einigen anderen aber die t-Werte prüfgliedweise zur Bezugsbasis (dem Versuchsdurchschnitt). Sofern eine p-Schätzung erfolgte, sind auch Grenzdifferenzen (GD) für den ganzen Versuch bei 1 % und 0.1 % mit berechnet worden.
Zuerst waren die Anlagemethoden mit systematischer Prüfgliedfolge innerhalb der Blöcke, die MITSCHERLICH- und LINDHARDmethode, noch stärker vertreten, zumal die Auswertung der Ergebnisse auch mittels VA vorgenommen werden konnte. Mit den Jahren sind diese Anlagemethoden durch Blockanlagen, lateinische Quadrate und Rechtecke sowie Spaltanlagen ersetzt worden. Mit der dritten Etappe begann auch die Zeit, in der die Ergebnisse biometrischer Forschung immer umfangreicher wurden und vom Versuchsansteller nicht mehr zu übersehen waren. Deshalb wurde von der Deutschen Akademie der Landwirtschaftswissenschaften RÜTHER mit der Bildung einer "Arbeitsgemeinschaft zur Versuchsmethodik" beauftragt und zu ihrem Vorsitzenden bestimmt.
Von dieser Arbeitsgruppe wurden u.a. Anlageschemata nach den Prinzipien einer "gelenkten" gerechten Verteilung der Prüfglieder erarbeitet. Sie gab den Anstoß zur verstärkten Durchführung mehrfaktorieller Versuche, deren Aufgabe man mit folgenden drei Fragen charakterisieren kann:

- Welchen Effekt haben die in einem Versuch geprüften Faktoren (Faktorenwirkung)?
- Welchen Effekt haben die Kombinationen mit den geprüften Faktoren (Kombinations- oder Komplexwirkung)?
- Wie beeinflussen sich die geprüften Faktoren gegenseitig (Wechselwirkung)?

Vom 5. bis 9. Juli 1965 veranstaltete das damalige Institut für Saatgut und Ackerbau als Leitinstitut ein Internationales Symposium unter dem Thema "Versuchsmethodik auf dem Gebiet der Pflanzenproduktion", das weltweite Beachtung fand und wertvolle Denkanstöße gab. Zahlreiche Wissenschaftler des In- und Auslandes nahmen an dieser Tagung teil. Die auf dem Symposium gehaltenen Vorträge sind in dem von der Deutschen Akademie der Landwirtschaftswissenschaften zu Berlin herausgegebenen Tagungsbericht (1967, Nr. 86) zusammengefaßt dargestellt.
Der funktionalen Betrachtungsweise bei der Auswertung von Feldversuchsergebnissen für ökonomische Entscheidungen wurde durch die Arbeit von HOFFMANN und DÖRFEL (1963) der entscheidende Impuls gegeben. Die daraus sich ergebenden Produktionsfunktionen bilden eine wesentliche Grundlage für das moderne Düngungssystem, das seinerzeit vom Institut für Düngungsforschung in Leipzig entwikkelt wurde.

Als wichtige versuchsmethodische Arbeit der Forschungsstätte ist die Habilitationsschrift von BÄTZ (1968) zu nennen, die umfassende Untersuchungen zur Aussagekraft von Feldversuchen beinhaltet. Unter den Versuchsfragen an der Forschungsstätte überwog immer mehr die Frage nach dem Zusammenwirken wichtiger Intensivierungsmaßnahmen, wie organische und mineralische Düngung, Fruchtfolge, Pflanzenschutz und Bewässerung. Fast alle Versuche wurden mehrjährig geplant und durchgeführt, um mit ihnen u.a. auch langfristige Veränderungen von fruchtbarkeitsbestimmenden Bodenmerkmalen zu erfassen.
Die Bearbeitung methodischer Fragen im agrarwissenschaftlichen Erkenntnisprozeß fand ihre Krönung in folgender gemeinsamen Arbeit von BÄTZ, DÖRFEL und HOFFMANN:

> *"Untersuchungen zur Verbesserung der Planung und Auswertung von Feldversuchen mit Hilfe der kybernetischen Betrachtungsweise und der elektronischen Datenverarbeitung".*

So wurde in den drei Jahrzehnten nach dem 2. Weltkrieg die Forschungsstätte in Lauchstädt ein Zentrum für die methodische Entwicklung des Feldversuchswesens.

6.5 Arbeitsgruppe Versuchs- und Auswertungsmethodik, Archiv für Feldversuchsergebnisse und Koordinierungsstelle

Im Jahre 1958 wurde eine Arbeitsgruppe "Versuchs- und Auswertungsmethodik" unter Leitung von Prof. Dr. E. HOFFMANN gebildet. Nachdem sich diese Arbeitsgruppe entwickelt hatte, wurde ihr die Einrichtung und Betreuung eines Archivs übertragen. Dieses "Archiv für Feldversuchsergebnisse", das 1963 durch Beschluß des Präsidiums der Deutschen Akademie der Landwirtschaftswissenschaften zu Berlin im "Institut für Saatgut und Ackerbau" eingerichtet worden war, enthielt die seit 1954 gesammelten rund 25 000 Versuchsberichte der von den fünf ehemaligen Instituten für Landwirtschaftliches Versuchs- und Untersuchungswesen auf Versuchsfeldern und in Praxisbetrieben durchgeführten Feldversuche. Diese Sammlung sollte in Verbindung mit einer Lochkartendokumentation insbesondere folgende Aufgaben erfüllen:

- ➢ das umfangreiche Datenmaterial, das im Laufe der Jahre an vielen Orten erarbeitet wurde, für spätere wissenschaftliche Untersuchungen besser zugänglich zu machen, um damit auch Wiederholungen zu vermeiden;
- ➢ durch Anwendung datenverarbeitender technischer Hilfsmittel (Lochkarten- und Rechenautomaten) den Benutzern des Archivs die Auswertungsarbeit zu erleichtern;
- ➢ systematische Überblicke über die Daten zu gewinnen, die eine erweiterte Auswertung in Versuchsserien gestatten;

- die regelmäßig festgestellten Standortdaten in Verbindung mit den Versuchsergebnissen für die Planung nutzbar zu machen;
- durch Verbindung mit dem Material des meteorologischen Dienstes die Beziehungen zwischen Witterung, Standort und den versuchsmäßig geprüften agrotechnischen Maßnahmen auszuwerten.

RÜTHER (1967) schrieb über die Nutzung des Archivmaterials u.a. folgendes:

> *"... durch Großzahlanalysen (Auswertung zahlreicher Versuchsergebnisse nach verschiedenen Gesichtspunkten) dient es zugleich dazu, die Gewinnung wertvoller, bisher auf andere Weise nicht erreichbarer Daten für wissenschaftliche Untersuchungen und für Planungszwecke zu erreichen".*

Die eingehenden Feldversuchsberichte wurden registriert und von Fachwissenschaftlern auf mögliche Besonderheiten (Auswahl der Versuchsfläche, Versuchsdurchführung und deren Beeinflussung durch außergewöhnliche Witterungserscheinungen, Schädigungen) durchgesehen, die den Aussagewert der erzielten Ergebnisse erheblich einschränken können.
Durch Dokumentation der wichtigsten Daten von den gesammelten Berichten auf Lochkarten konnten die zahlreichen Versuche mit verschiedenen Pflanzenarten und Versuchsfragen statistisch ausgewertet werden mit dem Ziel, über die jeweilige spezielle Versuchsfrage hinaus feststellbare Wirkungen, besonders der Standort- und Witterungseinflüsse, zu gewinnen.
Dieses Bestreben, durch "sekundäre Auswertungen" von Daten aus zahlreichen Feldversuchen zusätzliche Erkenntnisse zu gewinnen, wurde unterstützt durch die aufgrund eines Präsidiumsbeschlusses der Landwirtschaftsakademie im März 1966 am Institut für Saatgut und Ackerbau in Lauchstädt eingerichtete "Koordinierungsstelle für Feldversuche". Sie sollte vor allem die Versuchsansteller bei der Planung, Durchführung und Auswertung beraten und in der Wahl möglichst effektiver und rationeller Versuchsmethoden sowie eine Abstimmung der Versuchsfragen und Prüfglieder verwandter Versuchsfragen erzielen.

Über diese Koordinierungsstelle äußerte sich RÜTHER wie folgt:

> *"Der Agrarforschung in der DDR auf dem Gebiete der pflanzlichen Produktion steht eine beachtliche Kapazität für die Durchführung von Feldversuchen zur Verfügung. Der rationelle und effektive Einsatz dieser Kapazität wird durch eine Koordinierung aller Feldversuche erleichtert, wie sie in der Festlegung des Präsidiums der DAL vom 17. März 1968 über die Einrichtung einer Koordinierungsstelle für Feldversuche' am Institut für Saatgut und Ackerbau Halle-Lauchstädt gefordert wird."*

Die Hauptaufgaben der Koordinierungsstelle waren:

- Beratung der Versuchsansteller bei der Wahl möglichst effektiver und rationeller Methoden der Planung, Durchführung und Auswertung von Feldversuchen.
- Abstimmung der Fragestellungen und der Prüfglieder zwischen Versuchen mit verwandter Aufgabenstellung mit dem Ziel, Doppelarbeit zu vermeiden bzw. eine gemeinsame zusammenfassende Auswertung größerer Versuchsserien durch verschiedene Institute anzuregen.
- Die Arbeit der Koordinierungsstelle sollte damit einen wertvollen Beitrag für die weitere Entwicklung einer schöpferischen Gemeinschaftsarbeit zwischen Vertretern verschiedener Fachrichtungen leisten, die vielfach noch, ohne voneinander zu wissen, im Rahmen verschiedener Komplexthemen und unterschiedlicher Zielsetzung Feldversuche mit weitgehend gleichen Prüfgliedern durchführten.

Ein wichtiger Grundsatz der Arbeit der Koordinierungsstelle war es, die Priorität der einzelnen Forschungskollektive zu sichern. Diese Einrichtung bildete bald schon einen wichtigen Teil des Feldversuchswesens. Sie ist der Initiative von HOFFMANN zu verdanken. Von ihm wurde die Standardisierung auf dem Gebiet des Feldversuchswesens veranlaßt, die er bis zu seiner Emeritierung geleitet und tatkräftig unterstützt hat. Im Jahre 1966 wurde das Institut zum Leitinstitut für das Feldversuchswesen bestimmt und eine ständige Kommission für Feldversuchswesen konstituiert (Vereinbarung zwischen dem Präsidenten STUBBE und Minister EWALD vom 14. Juli 1966). Während das Archiv für Feldversuchsergebnisse noch weitergeführt wurde, ist die Arbeit der Koordinierungsstelle 1969 infolge Neuorganisation des Feldversuchswesens eingestellt worden.

Abbildung 13 Mehrzweckgebäude mit Versammlungsraum, fertiggestellt 1966 (Foto: Neuheiser)

7 Die Forschungsstätte Bad Lauchstädt als Bereich des Forschungszentrum für Bodenfruchtbarkeit Müncheberg

7.1 Struktur, Aufgaben und Ergebnisse im Zeitraum 1970-1975

Aus gesundheitlichen Gründen trat RÜTHER 1969 im Alter von 60 Jahren in den Ruhestand. Die Leitung des Instituts übernahm Dr. E. BUHTZ. Entsprechend den Erfordernissen zur weiteren Konzentration der Agrarforschung auf strukturbestimmende Schwerpunkte wurde das Institut auf Grund eines Präsidiumsbeschlusses der Deutschen Akademie der Landwirtschaftswissenschaften ab 1. Januar 1970 dem Institut für Acker- und Pflanzenbau Müncheberg als Zweigstelle zugeordnet und 1972 als Forschungsbereich für Lößschwarzerde in das Forschungszentrum für Bodenfruchtbarkeit Müncheberg der Deutschen Akademie der Landwirtschaftswissenschaften zu Berlin (Leiter: Prof. Dr. P. KUNDLER) eingegliedert.
Die wissenschaftlichen Untersuchungen hatten zum Ziel, in möglichst kurzer Zeit zur Mehrung und intensiven Nutzung der Bodenfruchtbarkeit unter den Bedingungen einer industriemäßigen Pflanzenproduktion beizutragen. Dazu sollten optimale Systemlösungen erarbeitet werden, von denen mittels exakter Parameter rationelle Maßnahmen zur intensiven Bodennutzung und Pflanzenproduktion abgeleitet werden konnten. Um die Produktionseffektivität der wissenschaftlichen Ergebnisse zu beschleunigen und zu erhöhen, wurden auch technologische und ökonomische Untersuchungen aufgenommen..
Die Forschungseinrichtung in Bad Lauchstädt arbeitete 1970 bis 1975 auf den Grundlagen koordinierter Pläne des Forschungszentrums in Müncheberg in den Hauptforschungsrichtungen Bodenbearbeitung, Bewässerung, organische Düngung, Pflanzenproduktionssysteme und Datenspeicherentwicklung mit. An der Erfüllung dieser Aufgaben waren zu diesem Zeitpunkt 140 Kolleginnen und Kollegen, darunter 25 Wissenschaftler, in fünf Arbeitsgruppen mit folgenden Aufgaben beteiligt:

1. Arbeitsgruppe Bodenbearbeitung, Leitung: Dr. G. HEINZE:

- Untersuchungen zur Bodendichte und Bodenstruktur in ihrem Einfluß auf den Ertrag relevanter Fruchtarten
- Differenzierung der Grundbodenbearbeitung zur Rationalisierung und Optimierung des Verfahrens
- Ackerbauliche Untersuchungen zum Effekt verschiedener Gerätekombinationen bei der Bodenbearbeitung sowie technische Entwicklungen und Erprobungen für neue Prinziplösungen der Bodenbearbeitung und Bestellung

Die ersten Untersuchungen in der DDR zur Rationalisierung der Bodenbearbeitung auf Löß-Schwarzerde zeigten, daß verschiedene Fruchtarten auch für hohe Erträge nicht den konventionell üblichen Aufwand an Bodenbearbeitungsmaßnahmen erfor-

dern, die Herbizidanwendung als Ersatz für eine entsprechende Saatbettvorbereitung oder mechanische Pflege vom acker- und pflanzenbaulichen Standpunkt vertretbar ist und Einsparungen an Arbeitsgängen zur Grundbodenbearbeitung unter Berücksichtigung des Ausgangszustandes des Bodens, insbesondere des Kultur- und Feuchtezustandes, möglich sind. Krumenvertiefung hatte auf Löß-Schwarzerde keinen ertragssteigernden Effekt.
Umfangreiche und intensive Untersuchungen zur Gerätekombination für die Bodenbearbeitung und Aussaat unter dem Aspekt einer optimalen Lagerungsdichte und günstiger Bedingungen für die Aussaat trugen zur Entwicklung einer Bestellkombine mit zwei den jeweiligen Traktorleistungen angepaßten Arbeitsbreiten bei.

2. Arbeitsgruppe Bewässerung, Leitung: Dr. E. BUHTZ:

- Untersuchungen zur Dynamik des Wasserhaushalts der Löß-Schwarzerde
- Prüfung der Beregnungswürdigkeit verschiedener Fruchtarten unter Berücksichtigung von Vorrats- und Vegetationsbewässerung
- Auswertung langjähriger Fruchtfolgeversuche für die Quantifizierung der Vorfrucht- und Fruchtfolgeeigenschaften.

Die gemeinsam mit der Wasserwirtschaftsdirektion Saale-Weiße Elster 1967 eingeleiteten Untersuchungen zur Vorratsberegnung auf dem dafür geeigneten speicherungsfähigen Löß-Schwarzerdestandort im mitteldeutschen Trockengebiet entsprachen der Forderung nach sparsamen Wassereinsatz. Trotz voller Auffüllung der Wasserkapazität der Krume im Frühjahr konnten bei einigen Fruchtarten signifikante Mehrerträge durch Vorratsbewässerung erzielt werden. Dem Vorteil einer besseren Verteilung der Wasserentnahme und des Arbeitsaufwandes standen jedoch ein insgesamt höherer Arbeitsaufwand und der höhere Effekt der Vegetationsbewässerung unter Berücksichtigung der spezifischen zeitlichen Ansprüche der Fruchtarten an die Zusatzwasserversorgung gegenüber. Die Auswertung der Fruchtfolgeversuche über vergleichbare Hauptfrüchte bestätigte die positive Wirkung des Feldfutteranbaues auf die Erträge von Winterweizen und Zuckerrüben.

3. Arbeitsgruppe Gülleanwendung, Leitung: Prof. Dr. G. KÜHN:

- Technologische und ökonomische Untersuchungen zur Ausbringung von Gülle mit Tankfahrzeugen
- Düngerwirkung der Gülle bei verschiedenen Fruchtarten, Anwendungszeiten und Aufwandmengen im Vergleich zu anderen organischen Düngern
- Wirkung der Gülle und anderer organischer Dünger in Kombination mit Mineraldüngung auf die Humusreproduktion
- Erarbeitung von Parametern und Richtwerten für die Pflanzenproduktion im Rahmen der Systemforschung

➢ Entwicklung und Erprobung einer einheitlichen edv-gerechten Schlagkartei

Die Trennung der Landwirtschaftlichen Produktionsgenossenschaften in Betriebe der Pflanzen- und Tierproduktion erforderte den umfangreichen Neubau moderner Stallanlagen. Aus Gründen der Rationalität wurden vorrangig Stallanlagen mit strohloser Aufstallung errichtet.
Dementsprechend wurde die Gülleverwertung in der Pflanzenproduktion zu einem wichtigen Forschungsschwerpunkt.
Umfangreiche Düngungsversuche zeigten, daß Gülle bei sachgemäßer Anwendung in ihrer kurzfristigen ertragssteigernden Wirkung den Stallmist übertrifft. Gemeinsam mit dem Institut für Landtechnik der LPG Hochschule Meißen wurden Tankwagen geprüft und die Ergebnisse unmittelbar der Fahrzeugproduktion übergeben.
Die Einsatzprüfung des Entwicklungsmusters eines großvolumigen Gülletankwagens erfolgte gemeinsam mit der Praxis.

4. Arbeitsgruppe Datenspeicher, Leitung: Prof. Dr. G. BÄTZ:

Forschungsschwerpunkt war die Erarbeitung eines EDV-Projektes "Datenspeicher Versuchsergebnisse - Pflanzenproduktion". Dieses Projekt sollte der rationellen Dokumentation, Speicherung und Auswertung aller Versuchsergebnisse der pflanzenbaulichen Institute der Akademie der Landwirtschaftswissenschaften und der Universitäten sowie des Sortenprüfungswesens der DDR ermöglichen. Deshalb wurde von Anfang an eine enge Zusammenarbeit mit der Vereinigung Volkseigener Betriebe (VVB) Saat- und Pflanzgut Quedlinburg und seinem Rechenzentrum, mit dem Insitut für Operationsforschung der Akademie der Wissenschaften und mit allen Versuchsanstellern entwickelt.Das erste Projekt wurde für den Rechner R 300 beim VEB Datenverarbeitung, dem Rechenzentrum der VVB Saat- und Pflanzgut, fertiggestellt und mit der Nutzung begonnen. Parallel dazu konnte die Sammlung langjähriger Datenreihen im Archiv ergänzt und erweitert werden.

5. Arbeitsgruppe Versuchsfeld, Leitung: Dr. H. WESCHCKE:

Dieser Arbeitsgruppe oblag die Durchführung der Feldversuche für alle Forschungsaufgaben auf der Grundlage eines jährlich bestätigten Versuchsprogramms. Die Primärdaten wurden in Feldbüchern erfaßt, aufbereitet und zunehmend mit Hilfe der EDV verrechnet. Alle Versuchsergebnisse sind jährlich in Versuchsberichten aufgelistet und kurz erläutert worden.
Zur Erfüllung der Forschungsaufgaben wurden neue Feldversuche zur Differenzierung der Bodenbearbeitung, zur Vorratsbewässerung, zur Gülleverwertung und zur Strohdüngung angelegt.

7.2 Neubildung der Koordinierungsstelle für Feldversuchswesen mit erweiterter Aufgabenstellung

Der erreichte Stand in der Entwicklung des "Datenspeichers Versuchsergebnisse Pflanzenproduktion" (DAVEP) und die sich daraus ergebenden Erfordernisse und Möglichkeiten zur Beratung im Feldversuchswesen, zur Durchführung von Recherchen, zur Koordinierung der Versuchsdurchführung und insbesondere zur Einspeicherung der Versuchsergebnisse veranlaßten das Präsidium der Akademie der Landwirtschaftswissenschaften im Mai 1975 insgesamt 25 Mitarbeiter aus dem Bereich Bad Lauchstädt auszugliedern und in einer neuen Struktureinheit als "Koordinierungsstelle für Feldversuchswesen", aufgabenmäßig dem Bereich Pflanzenproduktionsforschung der Akademie direkt zu unterstellen. Die Leitung wurde BUHTZ übertragen.

Diese neue Organisation verbesserte die Zusammenarbeit mit allen Instituten der Akademie und den Universitäten auf dem Gebiet der Pflanzenproduktionsforschung wesentlich. Die Zahl der eingespeicherten Versuche erhöhte sich beträchtlich und neben der Primärauswertung durch die Versuchsansteller wurde die Sekundärauswertung, insbesondere von Versuchsserien, immer stärker genutzt. Die Mitarbeiter der Koordinierungsstelle nahmen an den Beratungen der Forschungsgremien der Akademie und der Universitäten teil und setzten die Anwendung moderner Versuchsanlagen und eine rationelle Feldversuchstechnik durch. Auch durch die Herausgabe der Zeitschrift "Feldversuchswesen" wurde die Information auf diesem Gebiet deutlich verbessert.

Im Jahre 1988 wurden 1 150 Versuchspläne inhaltlich und methodisch abgestimmt und 17 Blätter zum "Standardkomplex landwirtschaftliches Versuchswesen" überarbeitet. Die Nutzung des EDV-Projektes DAVEP wurde bei jährlicher Einspeicherung von etwa 2 000 Versuchen und bei der Sekundärauswertung unter Einbeziehung der rund 50 000 Einzelversuche aus dem Archiv für Feldversuchsergebnisse unterstützt.

Die Forschung war auf die Verbesserung der Feldversuchs- und Auswertungsmethodik, die Erweiterung und Umstellung des Datenspeichers auf eine leistungsfähigere Rechenanlage und auf die Rationalisierung von Einspeicherung und Auswertung der Versuche gerichtet. Die Arbeit der Koordinierungsstelle setzte somit die jahrzehntelange Tradition der Forschungsstätte Bad Lauchstädt auf dem Gebiet des Feldversuchswesens fort. Die internationale Beteiligung an einem Symposium zum Feldversuchswesen 1985 ist Ausdruck der Wertschätzung für die in Bad Lauchstädt durchgeführten Arbeiten.

7.3 Struktur, Aufgaben und Ergebnisse des Bereiches Bad Lauchstädt 1975 bis 1990

Mit der Neubildung der Koordinierungsstelle wurde der Bereich Bad Lauchstädt noch straffer in die Gesamtproblematik des Forschungszentrums für Bodenfruchtbarkeit eingeordnet und erhielt unter Leitung von Prof. Dr. D. EICH mit folgenden Schwerpunkten ein neues Profil:

- Aufklärung des Einflusses von Gehalt und Umsatz organischer Substanz im Boden auf biologische Aktivität, physikalische und chemische Eigenschaften und Prozesse des Bodens, Pflanzenertrag und Qualität der Ernteprodukte, Effektivität der Pflanzenproduktion und Umwelt,
- Lösungen zur komplexen betrieblichen Verfahrensgestaltung der organischen Düngung in Abhängigkeit von den natürlichen und ökonomischen Standortbedingungen,
- Verfahren der Produktion organische Düngestoffe aus Naturstoffen sowie organischen Abprodukten und Rückständen verschiedener Volkswirtschaftsbereiche,
- Erarbeitung und Erprobung von Maßnahmen und Verfahren zur komplexen Reproduktion der Fruchtbarkeit von Löß-Schwarzerdeböden, Entwicklung und Auswertung schlagbezogener Dokumentation des Pflanzenproduktionsprozesses.

Bei der Umprofilierung, insbesondere aber bei dem Bestreben, alle Ergebnisse der Teildisziplinen zu komplexen Forschungsleistungen zur Erhaltung und Erhöhung der Bodenfruchtbarkeit zusammenzufassen, fehlte bisher eine ausreichende Forschungskapazität. Vorrangig ging es um die Quantifizierung des Bedarfs der Böden an organischer Substanz sowie ihres Einflusses auf den Fruchtbarkeitszustand der Böden und den Ertrag. In Bad Lauchstädt waren, u.a. mit dem Statischen Versuch, günstige Voraussetzungen vorhanden, diesen Forschungskomplex federführend zu bearbeiten.
Die große Ertragswirksamkeit der organischen Düngung auf sandigen Böden sowie die vollständige Verfütterung des Zuckerrübenblattes und zunehmend auch des Strohs ließen einen hohen zusätzlichen Bedarf an organischen Düngern erwarten. Hinzu kam die agrarpolitische Orientierung auf Höchsterträge Anfang der 70er Jahre. Daraus wurde die forschungsmäßige Begleitung der organischen Düngestoffproduktion bald als zweiter Schwerpunkt erkannt.
Zur Lösung der Aufgaben einschließlich Verwaltung und Instandhaltung standen zunächst 115 Mitarbeiter, darunter sieben mit Promotion A und zehn weitere Hochschulabsolventen zur Verfügung.
Bis 1990 wurde die Mitarbeiterzahl auf 125 erhöht, darunter vier habilitierte[1)] (Pro-

---

1) In der DDR wurde die Habilitation als "Promotion B" bezeichnet, im Bereich der Agrarwissenschaft mit dem Titel Dr. sc. agr. (Dr. scientiae agriculturarum) sowie die Promotion als "Promotion A".

motion B), 12 promovierte (Promotion A) und sieben weitere Hochschulabsolventen.
Die Forschungsausrüstungen waren 1975 vielfach veraltet und teilweise unzureichend.
1987 wurde ein neues Laborgebäude mit Aufbereitungstrakt für Ernteprodukte und 1988 eine Halle mit Kalt- und Warmtrakt zur Entwicklung und Installation eines Biotechnikums errichtet. Außerdem konnten im Zeitraum bis 1990 die Laborausrüstungen mit modernen Geräten (computergestützt bzw. Analysenautomaten) wesentlich verbessert werden. Ein Parzellenmähdrescher erleichterte ab 1978 die Erntearbeiten in den Feldversuchen.

Abbildung 14 Der 1987 fertiggestellte Laborneubau (Foto: Neuheiser)

Zur Lösung der Forschungsaufgaben wurden drei Abteilungen und zwei Arbeitsgruppen gebildet.

Abteilung "Organische Substanz"
Leiter: Prof. Dr. M. KÖRSCHENS

Die vorrangige Aufgabe bestand darin, für die Ausarbeitung komplexer Verfahren zur Erhöhung der Bodenfruchtbarkeit und der Erträge eine praktische Lösung zur Ermittlung des Bedarfs der Mineralböden an organischer Substanz auszuarbeiten. Hierzu wurden die Dauerversuche in der DDR mit unterschiedlichem Ackerflächen-

verhältnis und differenzierter Stallmistdüngung in ihrem Einfluß auf die Dynamik der organischen Substanz im Boden, gemessen über C_t- und N_t-Gehalt, untersucht. Aus der Humusanreicherung bzw. dem Humusabbau entsprechend dem jeweiligen Akkerflächenverhältnis und der Stallmistdüngung konnten schrittweise Bedarfsfaktoren für die organische Substanz für die Einstellung eines vorgegebenen Humusgehaltes auf der Grundlage der organischen Trockenmasse von Stallmist für jede Fruchtart auf den untersuchten Standorten abgeleitet werden.
Gleichzeitig wurden die Reproduktionsleistungen der organischer Dünger wie Gülle, Gründüngung, Kompost und Stroh im Vergleich zur Stallmisttrockenmasse, die vom Institut für Düngungsforschung Leipzig-Potsdam erarbeitet worden waren, geprüft und die Ergebnisse als Reproduktionsfaktoren dokumentiert. Sie bildeten die Grundlage für die Methode zur Bilanzierung der organischen Substanz der Mineralböden. Diese wurde bereits 1976 in die Praxis überführt und ab 1979 mit dem "EDV- Projekt Düngungsempfehlung" flächendeckend in der DDR angewendet.
Im Ergebnis der Auswertung von 1088 Versuchsjahren der Dauerversuche brachte die organisch-mineralische gegenüber der ausschließlich mineralischen Düngung im Mittel einen Mehrertrag von 7 %, auf Sandböden von 10 % und auf guten Böden von 6 %. Außer der Zuführung von Nährstoffen erhöhte die organische Düngung die biologische Aktivität, gemessen über die Bodenatmung und verbesserte die physikalischen Eigenschaften des Bodens. So erhöhte sich zum Beispiel die nutzbare Wasserkapazität bis zu 10 l/m^2, die Sorptionskapazität bezogen auf 1 % Humus um 4 mval, das Porenvolumen wurde vergrößert und die Lagerungsdichte vermindert. Eine exakte quantitative Beziehung zwischen dem Gehalt des Bodens an organischer Substanz und dem Ertrag konnte jedoch aus den Untersuchungen nicht abgeleitet werden.
Weiterhin wurden die Wechselbeziehungen zwischen C_t-Gehalt und Standortfaktoren untersucht. Die engste Beziehung bestand zwischen dem Feinanteil des Bodens (Korngrößen unter 6 µm) und dem Humusgehalt.
Wird der Humus im Boden in zwei Fraktionen unterteilt und zwischen dem "inerten" und "aktiven" Anteil unterschieden, so lag der inerte C-Gehalt im Durchschnitt aller Standorte zwischen 0.04 bis 0.05 je % Feinanteil, der aktive (umsetzbare) C-Gehalt der Optimalvarianten der Dauerversuche in Bezug auf Ertragshöhe und -stabilität zwischen 0.3 und 0.4 %. Grund- bzw. Stauwassereinfluß erhöhte den C_t-Gehalt bei Feinanteilen bis zu 8 % um 0.16 %, bei Feinanteilen > 8 % wurde die Differenz zunehmend geringer.
Die Bodenfruchtbarkeitskennziffer (Sollwert) für den Gehalt an organischer Substanz (Humus) für grundwasserferne Sandböden wurde mit $C_t\% = 0.04 * \text{Feinanteil} + 0.3 \ldots 0.4$ abgeleitet. Wegen der hohen Ertragswirkung bei Böden mit geringem Feinanteil sollte ein Mindesthumusgehalt von 1 % jedoch nicht unterschritten werden.
Bei Lößböden wiesen die Untersuchungen, wahrscheinlich bedingt durch ihren Schluffanteil einen höheren inerten C-Gehalt nach. Dementsprechend wurde der

Sollwert auf C_t % = 0.045 ... 0.05 * Feinanteil + 0.3 ... 0.5 festgesetzt.
Die Beziehungen zwischen Feinanteil und Humusgehalt bildeten auch die Grundlage für die Ausarbeitung von Richtwerten zu Melioration humusverarmter Sandböden und erodierter Kuppen unter Berücksichtigung der Qualität des eingesetzten Materials durch den Einsatz von Niedermoortorf oder Seeschlamm. Im Mittel von mindestens vier Folgejahren konnten unter Anwendung von Niedermoortorf folgende Mehrerträge erzielt werden:

- humusverarmte Sandböden > 5 GE/ha*a
- erodierte Kuppen > 15 GE/ha*a.

Beim gezielten Einsatz von Seeschlamm wurden auf humusvermarten Sandböden jährlich Mehrerträge von 6 GE/ha mit einer Langzeitwirkung ≥10 Jahre nachgewiesen. Die Anwendung wissenschaftlich begründeter Kriterien erhöhte somit die Effektivität sowohl des Niedermoortorfs, als auch des Seeschlammeinsatzes und machte ihn unter den damaligen Bedingungen in der DDR ökonomisch rentabel.-
Im Zeitraum von 1976 bis 1980 waren alle Abteilungen des Bereiches Bad Lauchstädt an der Ausarbeitung und Vervollkommnung von Verfahren zur Nutzung von Stroh und anderen pflanzlichen Rückständen zur organischen Düngung beteiligt. Hierzu erfolgte eine enge Zusammenarbeit mit dem Institut für Düngungsforschung, Bereich Potsdam und der Sektion Pflanzenproduktion der Universität Halle. Außerdem oblag dem Bereich Bad Lauchstädt die Koordinierung der Forschungsarbeit zu diesem Komplex im Rahmen des Themas 8.2 des Rates für gegenseitige Wirtschaftshilfe.
Die Untersuchungen umfaßten die Wirkung einer Strohdüngung in Kombination mit Gülle und/oder NPK sowie Gründüngung auf Boden und Pflanzenertrag mit den Teilthemen:

- die Abhängigkeit der Strohumsetzung von acker- und pflanzenbaulichen Maßnahmen,
- die Reproduktion der organischen Substanz des Bodens durch Strohdüngung,
- die Eingliederung der Strohdüngung in die Fruchtfolge,
- Verfahren und technische Ausrüstungen zum Zerkleinern, Verteilen und Einarbeiten des Strohs,
- konstruktive Mitarbeit am Pflug B 550 mit dem Ziel, Strohmassen von 60 dt/ha ohne Störungen und in hoher Qualität in den Boden einzuarbeiten,
- Mitwirkung bei der Konstruktion und Erprobung eines Spezialpfluges
- Entwicklung eines Funktionsmusters zur Stoppelbearbeitung für Löß-Schwarzerdestandorte

Neben der Bestimmung der C_t- und N_t-Gehalte im Boden zur Quantifizierung ihrer Abhängigkeit von anderen Bodeneigenschaften, der Witterung und der Bewirtschaftung traten in der Abt. Organische Substanz Untersuchungen des Umsetzungsverlaufs der organischen Bodensubstanz (OBS) und der organischen Primärsubstanz (OPS; Ernte- und Wurzelrückstände, organische Dünger), der Dynamik der N-Freisetzung und -Festlegung und damit der C/N-Transformation immer mehr in den Vordergrund.

Für die Quantifizierung des Einflusses von Temperatur, Feuchte, Dichte und Textur des Bodens auf die Umsetzungsdynamik wurden vorrangig aus Inkubationsmessungen entsprechende Parameter abgeleitet und an Hand der Feldversuche kontrolliert.

Die weitere Aufklärung des Einflusses der Pflanzen auf die OBS erforderte aufwendige Untersuchungen zur Menge und Qualität der Ernte- und Wurzelrückstände (EWR). In den Jahren 1986 bis 1988 konnten für die wichtigsten landwirtschaftlich genutzten Fruchtarten diese Beziehungen quantifiziert und davon Modellparameter abgeleitet werden.

Zur Erweitung des Erkenntnisstandes über die N-Transformation beim Umsatz von organischer Primärsubstanz im Boden wurde das Mineralisierungsverhalten von verschiedenen Pflanzenmaterial (Sproß und Wurzeln) geprüft. Durch Anzucht der Pflanzen in ^{15}N-markierten Nährlösungen wurde eine Unterscheidung des beim Abbau aus dem Boden bzw. den Pflanzen stammenden Stickstoffs möglich.

Die Untersuchungen machten deutlich, daß für den Abbau der organischen Primärsubstanz deren stoffliche Zusammensetzung, insbesondere der Ligningehalt, ausschlaggebend ist. Das C/N-Verhältnis bestimmt dagegen die N-Transformationsrichtung.

Alle Untersuchungsergebnisse wurden zur Modellierung der C- und N-Mineralisierung (Mineralisierungssimulation) und unter Einbeziehung von N-Mineraldüngung und N-Immission sowie von N-Entzug durch die Pflanzen, N-Auswaschung und gasförmigen N-Verlusten für ein Modell zur Simulation der C- und N-Dynamik im Boden eingesetzt.

Das Modell baut auf dem Bodentemperatur- und dem Bodenwassermodell des Instituts für Landwirtschaftliche Information und Dokumentation der Akademie der Landwirtschaftswissenschaften in Berlin auf. Zur Beschreibung der N-Mineralisierung wurde der Begriff "wirksame Mineralisierungszeit" eingeführt. Alle Berechnungen erfolgten in Tagesschritten für 20 Schichten mit einer Schichthöhe von 10 cm. Die Verlagerung des anorganischen Stickstoffs aus Mineraldüngung und Mineralisierung in tiefere Bodenschichten ist der täglichen Niederschlagssumme proportional. Verläßt der Stickstoff den durchwurzelten Raum, so geht er für die Pflanzenernährung verloren und führt zur ökologischen Belastung des Standorts. Aus umfangreichen experimentellen Daten ging hervor, daß eine hyperbolische Tangensfunktion den realen N-Entzug durch die Pflanzen mit ausreichender Genauigkeit widerspiegelt.

Für die Verifizierung der Modellalgorithmen erwiesen sich Ergebnisse aus Dauerversuchen als besonders gut geeignet. Die gute Übereinstimmung von C-Simulations- und -Meßergebnissen bei langfristigen Reihen zeigt, daß im Modell kein trend-

behafteter Fehler auftritt und damit auch die Simulation der kurzfristigen Dynamik einen hohen Aussagewert besitzt. Durch Simulationsrechung kann das C-Niveau mit einer Genauigkeit von 0.1 % C_t ermittelt werden.
Die bei der Simulation der N_{an}-Dynamik erzielten Ergebnisse bestätigen die Anwendbarkeit des aufgestellten Modellkonzepts zur Widerspiegelung kurzfristiger Umsatz- und Transformationsprozesse der aktiven organischen Bodensubstanz und der organischen Primärsubstanz.
Die Ergebnisse geben sowohl Hinweise auf mögliche Weiterentwicklungen des Modells als auch auf kritische Überprüfung der Möglichkeiten zur Messung des N_{an}-Vorrats im Boden.
Dieses Modell ermöglicht folgende Aussagen:

- Standortabhängige Bewertung des Einflusses landwirtschaftlicher Bewirtschaftung auf die Humusreproduktion des Bodens, Berechnung des Bedarfs an organischer Düngung zur Erreichung bzw. Erhaltung eines vorgegebenen Niveaus an umsetzbaren Kohlenstoff.
- Berechnung des N_{an}-Gehaltes im Frühjahr auf der Basis sicherer N_{an}-Meßwerte im Herbst und aktueller meteorologischer Daten.
- Berechnung der möglichen N-Nachlieferung aus organischer Boden- und organischer Primärsubstanz auf der Grundlage angenommener Witterungsverläufe.
- Abschätzung möglicher N-Verluste in Abhängigkeit von Düngung, N-Entzug und Witterung.

Zeitweilige Arbeitsgruppe "Verfahren der organischen Düngung"
Leiter: Dr. H. BÖNING (1982-1986)

Die Arbeitsgruppe hatte die Aufgabe, neue Lösungen der komplexen betrieblichen Verfahrensgestaltung der organischen Düngung in Abhängigkeit von den natürlichen und ökonomischen Standortbedingungen zu erarbeiten. Die komplexe Themenstellung erforderte eine umfangreiche Zusammenarbeit mit anderen Forschungseinrichtungen und mit ausgewählten LPG Pflanzen- und Tierproduktion.
Folgende Teilaufgaben wurden gelöst:
Präzisierung der Teilzeitnormative und Verfahrensaufwendungen für:

- Stalldung und Gülleausbringung
- Herstellung und Ausbringung von Feldbaukompost mit unterschiedlichen Anteilen folgenden Ausgangsmaterials
  - entwässerten Niedermoortorf, Sägespäne, See- und Teichschlamm
  - Trockenklärschlamm, Rinde
  - Güllefeststoff, grobe Rinde
  - Kot-Einstreugemisch aus der Geflügelhaltung
  - Altstroh

- Strohdüngung
- Gründüngung mit Untersaaten und Stoppelfrüchten.

Es wurden die Verfahrenskosten, der Arbeitsaufwand, der Energieaufwand, erforderliche Investitionen, einschließlich Grundmaterialien ermittelt und den aus Dauerversuchen von verschiedenen Standorten ermittelten Mehrerträgen durch organische Düngung gegenübergestellt.
Eine spezifische Aufgabe war die Erarbeitung von maschinentechnischen und witterungsabhängigen Richtwerten für den Einsatz der Mechanisierungsmittel der organsichen Düngung, die die neueren Erkenntnisse über die Grenzwerte des maximal zulässigen Bodendrucks, insbesondere auf sandigen Böden und bei hoher Bodenfeuchte berücksichtigen.
Die erarbeiteten Parameter und Richtwerte bildeten u.a. die Grundlage für ein vom Institut für Bodenbiologie Potsdam und vom VEB Datenverarbeitung Berlin entwikkeltes BC/PC-Programm zur Einordnung und Planung der organischen Düngung im Maßstab von kooperierenden LPG Pflanzen- und Tierproduktionen (einschließlich Effektivitätsnachweis).

Abteilung "Organische Düngestoffproduktion"
Leiter: Prof. Dr. P. WISSING (bis 1980)
Dr. G. JÄNICKE (1980-1986)
Dr. H. BÖNING (1987-1991)

Von dieser Abteilung waren Verfahren der Produktion organischer Düngestoffe für die Pflanzenproduktion unter Verwendung der vorhandenen Technik zu rationalisieren und weiterzuentwickeln. Die Lösung dieser Aufgabe erforderte eine unmittelbare Zusammenarbeit mit den Leiteinrichtungen der Erzeugnisgruppen für die organische Düngestoffproduktion, deren Basisverfahren den jeweiligen Ausgangspunkt bildeten. Die rationelle Verfahrensgestaltung auf der Grundlage der verfügbaren Technik unter Einbeziehung der neu entwickelten Kompostaufbereitungsmaschine KF 78 führte unter Beachtung der gesetzlichen Grundlagen und Rechtsvorschriften für die Erkundung und Verwertung von Naturstoffen zur Erarbeitung technologischer Typenlösungen bzw. Rahmentechnologien mit folgendem Inhalt:

- Verfahrenscharakteristik
- Leistungskennwerte des Verfahrens bzw. der Maschinen bei Erfüllung der Anforderungen an die Qualität des Produktes und des Umweltschutzes
- Arbeitsaufwand und Arbeitskräftebedarf unter Berücksichtigung der Anforderungen hinsichtlich Arbeits- und Lebensbedingungen
- Energiewirtschaftliche Aufwendungen und Investitionsbedarf
- Verfahrenskosten und Erzeugerpreise
- Verfahrensökonomische Wertung der Verfahren.

Für die Niedermoortorfgewinnung wurden vier Typentechnologien für folgende technische Ausrüstung bearbeitet:

moorlastig
- Eimerkettenbandbagger mit an das Gleis gebundenen Gurtbandförderstrecken
- Greiferbagger ohne zusätzliche Abstützung und Abtransport auf Dammschüttungen bzw. Schwellenstraße
- Greiferbagger auf Matten bei Selbstverlegung und Abtransport auf Platten- oder Schwellenstraße

wasserlastig
- Greiferbagger auf Schwimmprahm und wasserlastiger Transport in Schuten, Umladung auf Transportfahrzeuge über eine Rampe am Mineralbodenrand.

Für die Entschlammung im Zuge der planmäßigen Gewässersanierung haben sich zunehmend die Langspülverfahren und der Transport des Baggergutes in Rohrleitungen bzw. mittels Spülschuten und -pumpen von der Gewinnungsstelle bis ins Spülfeld (zur Entwässerung) durchgesetzt. Der stichfeste Seeschlamm wurde von der Landwirtschaft im Auftrage der Wasserwirtschaft als Abprodukt verwertet.
Als Typentechnologie der Seeschlammgewinnung für die Aufbereitung zu Feldbaukompost in landwirtschaftlichen Düngestoffbetrieben wurde der Seilzuggreiferbaggereinsatz auf Schwimmprahm zum Seeschlammabbau, der Transport mit Schuten, Kranumschlag am Kai und Fahrzeugtransport zur Entwässerungsfläche entwickelt.
Die Herstellung von Feldbaukomposten und gärtnerischen Erden und Substraten unterschied sich in den Anforderungen an die Stoffkomponenten und die Eigenschaften des Produktes. Durch die Kompostierung waren die verfügbaren unterschiedlichen Ausgangsstoffe zu einem standardgerechten Düngestoff zu verarbeiten. Von besonderer Bedeutung waren die Struktur der gärtnerischen Erden, die Entseuchung hygienisch bedenklicher Ausgangsstoffe sowie die Unkrautvernichtung durch Heißrotte. Bedarfsweise konnte bei gärtnerischen Erden eine Desinfektion phytopathogener Erreger erforderlich sein.
Für die mechanisierte Mietenkompostierung wurden schwerpunktmäßig drei Typenlösungen erarbeitet:

- Ansetzen, Umsetzen und Verladen mit dem Mobilkran T 174
- Ansetzen und Verladen mit Mobilkran T 174, Umsetzen mit der Kompostfräse (KF78 - eigene Beteiligung an Konstruktion und Entwicklung der Kompostfräse)
- Umsetzen und Verladen durch Kompostfräse.

Große Bedeutung wurde der Verwertung des in großen Mengen und günstiger territorialer Verteilung anfallenden und für die organische Düngestoffproduktion geeigneten Hausmülls (Fernheizungsmüll und Ofenheizungssommermüll) beigemessen.

Neben dem vom Institut für Kommunalwirtschaft Dresden entwickelten Verfahren zur Herstellung von aufbereitetem Rohmüll, das wegen hoher Investitionen nur begrenzt genutzt werden konnte, wurde die Aufgabe gestellt, ein mobiles Verfahren der Aufbereitung des geeigneten Mülls auf geordneten Deponien mit einem jährlichen Anfall ab 2-3 kt zu entwickeln.
Gemeinsam mit dem VEB Stadtwirtschaft Halle wurden die erforderlichen Untersuchungen auf der Deponie Halle-Lochau durchgeführt und ein Verfahren zur Kompostierung von unaufbereitetem Hausmüll mit anschließendem Deponieren (Halle-Kompost) erarbeitet.
Obwohl die Gesamtkosten des Verfahrens "Halle-Kompost" im Vergleich zum Dresdner Verfahren weniger als ein Drittel betrugen, ist eine Breitenanwendung erst nach selektiver Schadstofferfassung aus dem Hausmüll möglich, um eine Kontamination des Kompostes mit Schadstoffen zu vermeiden.
Der Aufbau einer biotechnologischen Forschung mußte nach ersten Untersuchungen zur asymbiontischen N-Fixierung mit Stroh als C-Quelle sowie zur Beeinflussung gasförmiger N-Verluste durch Denitrifikation abgebrochen werden. Auch die Entwicklung einer Versuchsapparatur (Feststoff-Fermentsystem) zur Untersuchung der Umsatzdynamik organischer Substanz im Boden unter kontrollierten Bedingungen konnte wegen der Neuprofilierung der Forschungsstätte nicht abgeschlossen werden.

Abteilung "Komplexe Verfahren Bodenfruchtbarkeit"
Leiter: Prof. Dr. G. KÜHN (bis 1980)
Prof. Dr. D. KÖPPEN (1981 bis 1989)

Zur Unterstützung der Leitungstätigkeit in den LPG und VEB Pflanzenproduktion, zur schnellen Überleitung von Forschungsergebnissen in die Produktion und zur Förderung des Wettbewerbs unter Beachtung weitestgehend einheitlicher Boden- und Witterungsbedingungen beauftragte der Rat für Land- und Nahrungswirtschaft der DDR das Forschungszentrum für Bodenfruchtbarkeit Müncheberg, ein einheitliches koordiniertes Schlagkartenwerk zu entwickeln, das für alle LPG und VEG in der Republik Gültigkeit haben, und die bislang sehr verschiedenartige Schlagdokumentation ablösen kann. Dazu wurde eine zeitweilige Arbeitsgruppe "Koordinierung der Schlagkarten" gebildet, in der Vertreter der LPG und VEG, der zweigspezifischen Beratungsdienste, des Pflanzenschutzes sowie anderer wissenschaftlicher Einrichtungen mitarbeiteten.
Bereits 1973 lag der erste allseitig abgestimmte Entwurf einer einheitlichen, edv-gerechten Schlagkartei mit folgenden Schlagkarten vor:

Schlagkarte 1	Schlagübersicht, einschließlich Schlagskizze und Übersichtsangaben zu angebauter Fruchtart, Ertrag, organische und mineralische Düngung, Pflugtiefe, Pflanzenschutzmittel, Sorte u.a.
Schlagkarte 2	Grunddaten zum Standort, zur Eignung für den Einsatz von Großmaschinen sowie zu durchgeführten Meliorationen
Schlagkarte 3	Periodische Daten zu Bodenuntersuchungsergebnissen
Schlagkarte 4	Produktionsdaten (allgemein) 4.1 Getreide, 4.2 Zuckerrüben, 4.3 Kartoffeln, 4.4 Futter, 4.5 Gemüse

Parallel mit der Entwicklung der Schlagkartei begannen die Ausarbeitung von Standardtabellen zur zentralen Auswertung des Datenbestandes und von Algorithmen für einen "Datenspeicher Schlagbezogener Kennzahlen" (DASKE). Sie wurden dem VEB Datenverarbeitung beim Ministerium für Ernährung, Land- und Forstwirtschaft Berlin zur Programmierung und rechentechnischen Realisierung auf der EDVA R 21 übergeben. Nach Erprobung der Auswertungsmethoden mit den Ergebnissen der Getreideproduktion 1973 wurde ein Jahr später die Schlagkartei zum Fachbereichsstandard erhoben und die Nutzerdokumentation des DASKE veröffentlicht. In den folgenden Jahren erfolgte die Umstellung auf die weiterentwickelte Rechentechnik, dem Einheitssystem elektronischer Rechner.

1975 wurde der Datenspeicher Schlagbezogene Kennzahlen Getreide und 1977 der Teildatenspeicher Zuckerrüben für ES 1040 zur Nutzung übergeben.

Zu diesem Zeitpunkt hatte die Ausarbeitung bzw. Präzisierung von Bodenfruchtbarkeitskennziffern den Stand erreicht, der ihren Einsatz als Zielgröße für komplexe Verfahren zur Erhöhung der Bodenfruchtbarkeit und Erträge erlaubte. Unter Themenleitung des Direktors vom Forschungszentrum, KUNDLER, wurden sie in Gemeinschaftsarbeit von Wissenschaftlern aus dem Forschungszentrum für Bodenfruchtbarkeit Müncheberg, den Instituten für Pflanzenernährung Jena, der Düngungsforschung Leipzig-Potsdam, den zweigspezifischen Instituten, dem Institut für Sozialistische Betriebswirtschaft Böhlitz-Ehrenberg sowie dem wissenschaftlich-technischen Zentrum Frankfurt/Oder konzipiert und in ein- bis fünfjährigen Überleitungsbeispielen in 20 LPG und VEG auf über 20 000 ha erprobt. Daran waren Mitarbeiter des Bereichs Bad Lauchstädt, vorrangig der Abteilung Komplexe Verfahren Bodenfruchtbarkeit" in dem VEG Hadmersleben, Kreis Wanzleben, den LPG Albersroda und Querfurt, der Agrarindustrievereinigung Querfurt, Kreis Querfurt, der LPG Milzau, Kreis Merseburg und der LPG Kyhna, Kreis Delitzsch, auf 7 245 ha beteiligt.

Erstmalig wurden effektive Kombinationen ackerbaulicher und meliorativer Maßnahmen auf der Grundlage von Standortmerkmalen, Bodenfruchtbarkeitskennziffern und maßnahmeorientierten Normativen geplant, durchgeführt und kontrolliert. Die Beziehungen zwischen Bodenfurchtbarkeitskennziffern und Erträgen wurden in den Produktionsexperimenten (PE) und in ergänzenden Versuchen ohne Eingriff in multiplen Potenzfunktionen mit hoher Bestimmtheit nachgewiesen.

1985 schloß die gezielte Entwicklungsarbeit an der Schlagkartei als Teil des "Informations-Systems zur mittelfristigen schlagbezogenen Planung und Kontrolle der **BO**denfruchtbarkeit (ISBO)" ab. Die Hauptfunktionen des ISBO waren:

- die schlagbezogene Dokumentation der Standortgrunddaten, der Bodenfruchtbarkeitskennziffern (Soll- und Istwerte), der Untersuchungs- und Diagnoseergebnisse und der auf dem Schlag durchgeführten acker- und pflanzenbaulichen sowie meliorativen Maßnahmen
- die Kontrolle des Bodenfruchtbarkeitszustandes und seiner Entwicklung über den Soll-Ist-Vergleich der Bodenfruchtbarkeitskennziffern und der Ertragsentwicklung .

Von den Wissenschaftlern des Forschungszentrums wurden folgende Planungsprogramme erarbeitet:

- Übertragung der Fruchtfolge in die Jahresdatei, Fruchtfolgeprüfung und Bewertung, Anbaubilanzierung, Berechnung des Anbauplanes für fünf Jahre im Voraus
- meliorative Vorhaben der Bodenwasserregulierung
- Bodenschutz gegen Wassererosion
- Schonende Bodenbearbeitung und
- Bestimmung von Ertragszielen.

1989 wurde die vollständige Paßfähigkeit zwischen ISBO-Stammdatenspeicher und dem Düngungssystem 87 hergestellt, so daß ISBO nun auch zur Berechnung von Humus- und Strohbilanzen sowie von Einsatzplänen für die organische Düngung genutzt werden konnte.

Die Breiteneinführung des ISBO als Teil der "**CO**mputergestützten **B**oden- und **B**estandesführung (COBB)" begann mit der Forschungsleistung "Betriebliche Gestaltung der computergestützen Boden- und Bestandesführung mit hoher Ausschöpfung des Ertragspotentials bei sinkendem spezifsichen Aufwand und erweiterter Reproduktion der Bodenfruchtbarkeit" in 20 LPG und VEG unter differenzierten Standortbedingungen.

Zur Bodenführung wurde die gleichnamige Schlagkarte 1 ab 1987 flächendeckend geführt.

Die rechnergestützte Bestandesführung schloß sich erst 1989 in größerem Umfang an, nachdem sie 1988 in zehn Betrieben erprobt worden war.

Sie stellte hohe Anforderungen an die Leiter der Betriebe und der Produktion, so daß bei einer schrittweisen Einführung die besten Ergebnisse erzielt wurden.

7.4 Versuchstätigkeit

Arbeitsgruppe "Feldversuche"
Leiter: Dipl.-agr. Ing. A. KERNER

Den Schwerpunkt der Feldversuche und der Untersuchungen an Boden und Pflanze bildete nach wie vor der "Statische Düngungsversuch". Bisherige Ergebnisse wurden in einem Sammelband veröffentlicht:
"Der Statische Versuch Lauchstädt in sieben Jahrzehnten" DDR, Deutsche Akademie der Landwirtschaftswissenschaften zu Berlin, 1970.
Das gesamte Spektrum der Versuchstätigkeit in Bad Lauchstädt sei hier anhand des Versuchsprogramms von 1989 dargestellt:

Tabelle 5 Versuchsprogramm aus dem Jahre 1989 - Versuchsstation Bad Lauchstädt

Versuch	Parzellen	ha	Versuchsfrage
Statischer Düngungsversuch	432	4.22	Die Wirkung unterschiedlicher organischer und mineralischer Düngung auf Ertragsentwicklung und Qualität der Ernten sowie Einfluß unterschiedlicher Düngung auf fruchtbarkeitsbestimmende Bodeneigenschaften.
Erweiterter Statischer Versuch	180		Wirkung differenzierter org. und min. Düngung in Abhängigkeit vom Humusgehalt im Boden auf Ertrag und fruchtbarkeitsbestimmende Bodeneigenschaften.
Organisch/mineralische Düngung in einem Fruchtfolgeversuch	800	5.23	Einfluß unterschiedlicher Mengen an org. Substanz in Verbindung mit mineralischer N-Düngung und Beregnung auf Ertrag und Qualität der geprüften Pflanzenarten und fruchtbarkeitsbestimmende Bodeneigenschaften
Klärschlammversuch	Modellversuch		Untersuchungen zur Wirkung von Müll-Fäkal-Kompost und stichfestem kommunalen Klärschlamm im Vergleich zu Stalldung und zur NPK-Düngung hinsichtlich der Verbesserung relevanter Bodenfruchtbarkeitsmerkmale sowie auf das Pflanzenwachstum.
Prüfung der Nachwirkungen	192	1.46	Beregnungswirkung in Kombination mit org. Düngung, Bodenbearbeitung und N-Düngung

Versuch	Parzellen	ha	Versuchsfrage
Prüfung der Nachwirkung	280	1.10	Einfluß des Zwischenfruchtanbaus zur Futternutzung und zur Gründüngung im Vergleich mit verschiedenen organischen Düngern bei gestaffelten N-Gaben auf Ertrag, Humusgehalt des Bodens und BFK.
Rhizobien-Prüfung	24	0.12	Effektivitätsuntersuchungen von vorgetesteten Rhizobiumbakterien
Modellversuch Stalldung	16	0.16	Prüfung der Langzeitwirkung extrem hoher Stalldunggaben auf den Ertrag, den N-Entzug und die Bodeneigenschaften
Strukturschonende Bodenbearbeitung	250	3.36	Struktur- und wasserschonende Bodenbearbeitung und Anreicherung der Krume mit Humus
ehemalige Stalldungdeponie	105	0.56	Einfluß hoher OS-Gehalte auf Pflanzenertrag und -qualität und der Wirkung von Rotationsbrache und landw. Nutzung auf das N-Regime
Silomaisdaueranbau	40	0.19	Quantifizierung der Beziehungen zwischen Kulturplanzen, Segetalzönesen und Bodentieren und ihres Einflusses auf Bodeneigenschaften in Abhängigkeit von der Art der Unkrautführung und der Bodenbearbeitung bei Silomais-Daueranbau
Sukzzesionsversuch	16	0.09	
Organische Düngung mit Nebenprodukten	264	2.96	Wirkung org. Düngung mit Nebenprodukten der Pflanzenproduktion auf Ertrag und Qualität und fruchtbarkeitsfördernde Bodeneigenschaften in 5-feldriger Fruchtfolgen im Vergleich zu konventionellen Bewirtschaftungsregime
Ackerfutterbau und Gülle-Düngung	168	2.30	Wirkung der org. Düngung über Ernte- und Wurzelrückstände verschiedener Haupt- und Zwischenfruchtnutzung und Gülleeisatz im Fruchtfolgeglied Getreide-Ackerfutter-Getreide
Stroh-Gülle-Düngung	48	0.32	Prüfung organisch/mineralischer Düngung in einer Getreidefruchtfolge
Intensivierungsversuche der Anlageform 2^{n-1}	128	1.30	Wintergerste
	64	0.29	Futtererbsen
	128	1.30	Sommergerste

Die Ergebnisse der Versuche sind in den Forschungs- und Versuchsberichten dokumentiert und in Dissertationen (s. Anlage 4), Tagungsberichten der Akademie der Landwirtschaftswissenschaften, wissenschaftlichen und populärwissenschaftlichen sowie Fachzeitschriften veröffentlicht worden.

7.5 Wissenschaftliche Zusammenarbeit

Den Hauptforschungsrichtungen entsprechend entwickelten die Mitarbeiter des Bereiches Bad Lauchstädt eine enge wissenschaftliche Zusammenarbeit mit allen Instituten der Pflanzenproduktionsforschung der Akademie der Landwirtschaftswissenschaften der DDR, dem Agrochemischen Untersuchungs- und Beratungsdienst sowie den Sektionen Pflanzenproduktion der Universitäten Halle und Rostock. So wurde die Zusammenarbeit zu den Forschungsvorhaben auf dem Gebiet der organischen Substanz durch die Forschungskooperationsgemeinschaft "Versorgung der Böden mit organischer Substanz" unter Leitung von EICH gefördert. Sie beriet die Forschungsberichte und Forschungspläne.

Neue Lösungen der komplexen betrieblichen Verfahrensgestaltung der organischen Düngung wurden von Mitarbeitern des Bereiches Bad Lauchstädt des Forschungszentrums für Bodenfruchtbarkeit und des Bereiches Potsdam des Instituts für Düngungsforschung gemeinsam erarbeitet. Für die organische Düngestoffproduktion, insbesondere für die Hausmüllkompostierung bildeten die Erfahrungen des Instituts für Kommunalwirtschaft Dresden einen guten Ausgangspunkt.

Die Überleitung der komplexen Verfahren der Bodenfruchtbarkeit und besonders der computergestützten Boden- und Bestandesführung in der Agrar-Industrie-Vereinigung Querfurt war durch die Zusammenarbeit mit dem Institut für Getreidewirtschaft Bernburg und der Sektion Pflanzenproduktion der Martin-Luther-Universität Halle besonders erfolgreich.

International arbeiteten Mitarbeiter des Bereiches Bad Lauchstädt als koordinierende Einrichtung zum RGW-Thema 8.2: "Ausarbeitung und Vervollkommnung von Technologien zur Nutzung von Stroh und anderen pflanzlichen Rückständen zur organischen Düngung in der industriemäßigen Pflanzenproduktion" mit Instituten der UdSSR, der Tschecheslowakei und der Volksrepublik Bulgarien von 1976 bis 1980 zusammen. Außerdem bestand eine enge Zusammenarbeit mit dem Institut für Pflanzenproduktionsforschung Prag-Ruzyne, dem Dokutschajew-Institut Moskau und dem IUNG Pulawy in Polen.

7.6 Zusammenarbeit mit der landwirtschaftlichen Praxis

Traditionsgemäß setzten die Mitarbeiter des Bereiches die enge Zusammenarbeit mit der landwirtschaftlichen Praxis in dem Zeitraum von 1975 bis 1990 fort. Jährlich wurde ein Tag der offenen Tür mit Kurzberichten über neue Forschungsergebnisse durchgeführt. Auch hatten die Besucher Gelegenheit, die Labors, Gefäß- und Feldversuche zu besichtigen.

Im Auftrage der Abteilung Landwirtschaft des Rates des Kreises stellten Mitarbeiter des Bereiches jährlich ausgewählte Kennzahlen der LPG und VEG Pflanzen- und Tierproduktion nach Jahresabschlußberichten und Daten der Schlagkartei für den Betriebsvergleich zusammen. Die Kennzahlen wurden den LPG übergeben und in einer Veranstaltung der Agrarwissenschaftlichen Gesellschaft ausgewertet. Auch an der Ausarbeitung der langfristigen Programme zur effektiven Bodennutzung des Kreises Merseburg waren die Mitarbeiter des Bereiches maßgebend beteiligt.

Nach Fertigstellung des Datenspeichers Schlagkartei erfaßte das Organisations- und Rechenzentrum für Land- und Nahrungsgüterwirtschaft des Rates des Bezirkes Halle ab 1977 jährlich die Daten zur Getreideproduktion aus der Schlagkartei und bearbeitete sie rechentechnisch nach Hinweisen von der Arbeitsgruppe Schlagkartei, zu der auch die Entwickler aus dem Bereich Bad Lauchstädt gehörten. Die Auswertung erfolgte jährlich und für bestimmte Zeiträume vergleichend durch die Leiter der Abteilung Komplexe Verfahren zur Reproduktion der Bodenfruchbarkeit des Bereiches.

8 Der Neubeginn nach der Wiedervereinigung Deutschlands im Jahre 1990

8.1 Struktur und Aufgaben

Mit dem wirtschaftlichen und politischen Zusammenbruch der DDR im Jahre 1989 und der Wiedervereinigung Deutschlands gingen auch die Forschungsarbeiten in Bad Lauchstädt nach den bis dahin geltenden Strukturen und Aufgaben zu Ende. Gemäß Artikel 38 des Einigungsvertrages wurden die Akademie der Wissenschaften, die Bauakademie und die Akademie der Landwirtschaftswissenschaften der Deutschen Demokratischen Republik zunächst bis zum 31. Dezember 1991 als Einrichtungen der Länder fortgeführt und danach aufgelöst. Davon betroffen waren etwa 11 000 wissenschaftliche und technische Mitarbeiter dieser Einrichtungen. Für die Auflösung der Akademien wurde eigens eine "Koordinierungs- und Abwicklungsstelle für die Institute und Einrichtungen der AdW der DDR (KAI-AdW)" geschaffen.

Alle Mitarbeiter erhielten einen bis zu diesem Zeitpunkt befristeten Arbeitsvertrag. Bis dahin sollte auch die Begutachtung durch den Wissenschaftsrat abgeschlossen sein. Für die Zeit danach herrschte Ungewissheit. Seitens der Mitarbeiter gab es intensive Bemühungen, die Forschungseinrichtung und damit die wertvollen Versuche, insbesondere den Statischen Düngungsversuch, zu erhalten. Zahlreiche Konzeptionen, die u.a. eine Angliederung an die Universität Halle, an die in Aussicht gestellte Fachhochschule Merseburg oder eine Etablierung als "Landwirtschaftliche Untersuchungs- und Forschungsanstalt Sachsen-Anhalt" zum Ziel hatten, wurden erarbeitet, zur Entscheidung vorgelegt und sind letztlich ohne Ergebnis geblieben.

Inzwischen erfolgte die endgültige Beurteilung der einzelnen Forschungseinrichtungen durch den Wissenschaftsrat der Bundesregierung mit einem durchaus positiven Ergebnis. In der

> *"Stellungnahme zu den außeruniversitären Forschungseinrichtungen auf dem Gebiet der ehemaligen DDR im Bereich der Agrarwissenschaften"*

vom 27. September 1991 heißt es zum Forschungsbereich Bad Lauchstädt des FZB:

> *"Die dort vorhandenen Versuchs- und Forschungskapazitäten sollten für die bodenkundliche und pflanzenbauliche Lehre und Forschung der MLU herangezogen werden. Es wird empfohlen, ein Außeninstitut der Agrarwissenschaftlichen Fakultät der Martin -Luther-Universität Halle zu bilden und etwa 6 Wissenschaftler und ca. 12 technische Angestellte in diese Einrichtung zu übernehmen. Die Übergangsfinanzierung sollte über das Hochschulerneuerungsprogramm erfolgen. Ferner sollte der Kern des Forschungsbereichs Bad Lauchstädt als Teilinstitut in das vom BMFT geplante Umweltforschungszentrum*

Halle/Leipzig eingegliedert werden, da wesentliche Beiträge dieses Instituts zu drei der vier Problembereiche erwartet werden können."

Damit waren zunächst die Weichen gestellt, jedoch noch nicht die Existenz der Forschungseinrichtung als solche gesichert. Eins jedoch wurde deutlich sichtbar: Dieses Urteil war ein gewichtiges Faustpfand auf dem Weg zur Neustrukturierung der gesamten Forschungseinrichtung. Auf Basis dieser "positiven Evaluierung" war es einer Gruppe von Wissenschaftlern einschließlich der technischen Mitarbeiter möglich, sich im Rahmen des Hochschul -Erneuerungs-Programms (HEP Art. 8, Abs. 1) für ein ursprünglich über zwei Jahre ausgeschriebenes Förderprogramm (Wissenschaftler-Integrations-Programm - WIP) zu bewerben. Durch dieses Förderprogramm, das mit 400 Mill. DM dotiert war, bestand nun die Möglichkeit, insgesamt 2000 außeruniversitär arbeitende Wissenschaftler und Techniker der Akademien der ehemaligen DDR mit ihrem über Jahre akkumulierten Forschungspotential in verschiedene Hochschulen und Universitäten einzugliedern. Zweifellos war dies ein schwieriges Problem, da sich nahezu alle Universitäten ebenfalls in Umstrukturierungsprozessen befanden. Besonders auf agrarwissenschaftlichem Sektor bestanden zahlreiche Überkapazitäten. Für Bad Lauchstädt ergab sich nunmehr die Notwendigkeit aber auch Möglichkeit, wesentliche Forschungsschwerpunkte, insbesondere die wertvollen Feldversuche, durch das Integrationsprogramm an die Martin-Luther-Universität Halle-Wittenberg zu binden. Diese perspektivisch sehr prägenden Entscheidungen mußten innerhalb weniger Wochen getroffen werden.

27. September1991: Entscheidung des Wissenschaftsrates der Bundesregierung zu Bad Lauchstädt
17. Oktober 1991: Förderantrag im Rahmen des Wissenschaftler-Integrations-Programms
11. Dezember 1991: Vorläufiger Förderbescheid durch die KAI - AdW nach Antragsbegutachtung
16. Dezember 1991: Verbindlicher Förderbescheid durch die KAI e. V.

An der Namensänderung der bis dahin als Koordinierungs- und Abwicklungsstelle arbeitenden KAI ist erkennbar, daß selbst diese Einrichtung in der bewegten Zeit eine Funktionsänderung erfahren hat. Sie arbeitete nunmehr unter dem Namen "Koordinierungs- und Aufbau-Initiative für die Forschung in den fünf neuen Ländern e.V." und war im wesentlichen für die technische Realisierung der ersten Phase des Integrationsprozesses verantwortlich (Anstellung der Mitarbeiter, Verwaltung der Forschungsmittel etc.). Die zeitliche Befristung dieser Phase wurde im Laufe des Jahres 1992 um ein Jahr bis zum 31.Dezember 1993 verlängert. Bis zu diesem Termin mußten alle Mitarbeiter feste Arbeitsverhältnisse mit ihren Zieleinrichtungen (Hochschulen, Universitäten, Fachhochschulen) haben, damit die Förderung im Rahmen des WIP weitere drei Jahre bis zum 31. Dezember1996 realisiert werden konnte. Wesentlicher inhaltlicher Schwerpunkt der WIP-Fördergruppe Bad Lauchstädt unter wissenschaftlicher Leitung von Dr. A. PFEFFERKORN ist die Untersuchung "Biologischer, chemischer und bodenphysikalischer Effekte unterschiedlicher landwirtschaftlicher Bewirtschaftung" (Thema des Forschungsprojektes) unter starker Einbeziehung der Dauerversuche des Versuchsfeldes in Bad Lauchstädt. Diese Gruppe war bis Ende 1993 in die Sektion Bodenforschung des UFZ integriert und trägt nunmehr dazu bei, die Zusammenarbeit zwischen dem UFZ und der Landwirtschaftlichen Fakultät der Universität Halle-Wittenberg durch die gemeinsame Nutzung der Versuche bzw. des Versuchsfeldes zu fördern.

Für drei Mitarbeiter der ehemaligen Koordinierungsstelle für Feldversuchswesen wurde ein Forschungsprojekt zur Nutzung und Weiterführung der umfangreichen Sammlung von Feldversuchsergebnissen in Bad Lauchstädt für die Lehre und die universitäre Forschung im Rahmen des Wissenschaftler-Integrations-Programms bestätigt.

Das Projekt, das Dr. K. STEGEMANN leitet, ist seit 1994 in die Martin-Luther-Universität integriert. Es ermöglicht die Sicherung, Nutzung und Weiterführung der Dateien, die Durchführung von Sekundärauswertungen und dazugehöriger methodischer Untersuchungen sowie die Bereitstellung von Daten zur Ableitung von Parametern für Modelle, zur Anfertigung von Diplomarbeiten und Dissertationen und dergl. mehr.

Dr. J. GREILICH übernahm einen Lehrauftrag in der Universität Halle im Fach Abfallwirtschaft.

Parallel dazu nahm das Umweltforschungszentrum Leipzig-Halle GmbH Gestalt an. Es sollte als 16. Großforschungseinrichtung der Bundesrepublik ausschließlich Aufgaben des Umweltschutzes bearbeiten und wurde in dem am stärksten belasteten Gebiet der ehemaligen DDR, in der Chemie- und Braunkohlenregion Leipzig-Halle-Bittefeld, angesiedelt.

Ein auf Empfehlung des Wissenschaftsrates eingesetztes Gründungskomitee beschloß ein wissenschaftliches Arbeitsprogramm.

Als Hauptsitz wurde das Gelände der ehemaligen Akademie der Wissenschaften in Leipzig, Permoserstraße 15, gewählt. Offen war zunächst noch der Standort für Sachsen-Anhalt. Als die Bemühungen, in Halle passende Räume zu finden, ohne Erfolg blieben, bot sich Bad Lauchstädt als geeignetes und den Umständen entsprechend funktionsfähiges Objekt an. Von den insgesamt 10 Sektionen (gleichbedeutend mit Instituten) des Umweltforschungszentrums sollten drei vorübergehend ihren Sitz in Bad Lauchstädt haben.-

Im September 1991 erfolgte die Stellenausschreibung, die Bewerbungsfrist lief bis zum 8. Oktober. Aus den eingegangenen rd. 6000 Bewerbungen mußten etwa 350 geeignete Mitarbeiter für das Zentrum ausgewählt werden.

Bis zum Jahresende waren diese Arbeiten abgeschlossen. Am 12. Dezember 1991 wurde das "UFZ - Umweltforschungszentrum Leipzig-Halle GmbH" offiziell gegründet, Prof. Dr. P. FRITZ als wissenschaftlicher und Dr. K. TICHMANN als administrativer Geschäftsführer waren bestätigt. Die Geschäftsleitung, die Sektionen:

- Analytik,
- Angewandte Landschaftsökologie,
- Expositionsforschung,
- Ökosystemanalyse,
- Sanierungsforschung,
- Umweltchemie/Ökotoxikologie und
- Umweltmikrobiologie sowie
- fünf Projektbereiche

erhielten ihren Sitz in Leipzig. Die Sektionen

- Bodenforschung,
- Biozönoseforschung und
- Hydrogeologie

etablierten sich vorübergehend, bis zum Umzug in einen in Halle geplanten Neubau, in Bad Lauchstädt.
Die Arbeiten konnten am 2. Januar 1992 aufgenommen werden. Für die Sektion Bodenforschung war es teilweise eine Fortsetzung der bisherigen Arbeiten im Rahmen der Bodenfruchtbarkeitsforschung. Dafür gab es folgende Gründe:

- ein Teil der für die Umweltforschung geeigneten personellen und materiellen Kapazitäten hatte auch in der neuen Sektion Bodenforschung einen Platz gefunden
- einige Förderprojekte, die beim Bundesministerium für Forschung und Technologie (BMFT), bei der Deutschen Forschungsgemeinschaft (DFG) und beim Land Sachsen-Anhalt eingereicht und bestätigt worden waren, befanden sich bereits seit 1991 in Bearbeitung
- Bodenforschung ist im weitesten Sinne Umweltforschung und so waren z.B. die Themen "C-und N-Dynamik", "Biologische Aktivität des Bodens" und "Modellierung von Bodenprozessen" , mit denen anerkannte Ergebnisse in der Vergangenheit erzielt worden waren, auch für die Umweltforschung relevant
- die z. T. sehr wertvollen Dauerversuche, insbesondere der Statische Düngungsversuch, sind für die Umweltforschung von großer Bedeutung und sollten erhalten werden.

Die Sektion Bodenforschung, unter kommissarischer Leitung von Prof. Dr. M. KÖRSCHENS, gliedert sich in die Abteilungen:

- Bodenchemie,
- Bodenbiologie,
- Bodenphysik,
- Bodennutzung und -sanierung,
- Bodenprozeßdynamik

und bearbeitet die Forschungsaufgaben:

- Einfluß von Standort, Nutzung und Bodeneigenschaften auf Belastungszustände in Boden, Pflanze und Sickerwasser (Vorhabensleiter: Dr. S. KNAPPE).
- Nachhaltige Bodennutzung und C-N-Dynamik bei anthropogen belasteten Böden (Vorhabensleiter: Prof. Dr. M. KÖRSCHENS, Dr. I. MERBACH).
- Dynamik organochemischer Belastungen hinsichtlich Mobilität, Akkumulation und Umsatz (Vorhabensleiter: Dr. E. SCHULZ).
- Bioindikation anthropogen beeinflußter Böden (Vorhabensleiter: Dr. E.-M. KLIMANEK).
- Modelle und Parameter für die Simulation von Umsatz- und Transportprozessen im Boden (Vorhabensleiter: Dr. U. FRANKO).
- Turnover von umweltrelevanten Spurengasen im System Boden - Pflanze - Atmosphäre (Vorhabensleiter: Dr. R. RUSSOW).
- 1992 und 1993 lief ein Projekt zu Untersuchung der Winderosion auf Schwarzerde (Projektleiter: Dr. H. WESCHCKE).

Das sechste Thema wird vorrangig von einer Arbeitsgruppe der Abteilung Bodenchemie, die ihren Sitz in Leipzig hat, bearbeitet. Die Sektion Bodenforschung hat gegenwärtig 47 Mitarbeiter, davon werden 15 über Drittmittel finanziert. 21 Mitarbeiter sind Wissenschaftler, einschließlich 8 Doktoranden. Durch die großzügigen Möglichkeiten zur Ausstattung mit Analysentechnik innerhalb des UFZ sowie mit Hilfe von finanziellen Mitteln aus Förderprojekten, die bislang rd. 4 Mio DM ausmachen, konnte ein modernen Anforderungen genügender Ausrüstungsgrad erreicht werden. Im Mai 1994 wurde eine neue Gefäßversuchsstation mit einer Kapazität von 1200 Gefäßen, die von der Sektion Bodenforschung und der Sektion Biozönosefoschung genutzt wird, in Betrieb genommen werden.

8.2 Das Versuchsfeld

Eine feste Größe in der bewegten Geschichte der Forschungsstätte Bad Lauchstädt war zu allen Zeiten das Versuchsfeld. Es bildete lange Zeit die Basis für jegliche Forschung und bot durch seine hohe Repräsentanz für weite Teile des Mitteldeutschen Löß-Schwarzerde-Gebietes ideale Voraussetzungen für Feldversuche. In guter Arrondierung um das Gelände der Forschungsstätte fanden sich im Laufe der Jahrzehnte Feldversuche vielfältigster Prägung wie Düngungs-, Fruchtfolge- und Sortenversuche sowie Versuche zur Wirkung der Bodenbearbeitung und anderer akker- und pflanzenbauliche Maßnahmen.

Abbildung 15 Die neue Gefäßstation, 1994 in Betrieb genommen (Foto: Neuheiser)

Den Mittelpunkt des gegenwärtig noch 42 ha großen Versuchsfeldes, das heute unter wissenschaftlicher Leitung von PFEFFERKORN steht, bildete jedoch zu allen Zeiten der bereits mehrfach erwähnte Statische Düngungsversuch. Die intensive wissenschaftliche und technische Betreuung des Versuches wurde nie unterbrochen und garantierte somit eine nahezu lückenlose Datendokumentation, die heute den eigentlichen Wert des Versuches darstellt.

Die vielfältigen Nutzungsmöglichkeiten des Versuchsfeldes in Bad Lauchstädt spiegeln sich heute in den Bestrebungen wieder, eine gemeinsame Bewirtschaftung der Flächen durch das UFZ Leipzig-Halle, die Universität Halle/Wittenberg und teilsweise das 1991 von BÄTZ neu gegründete Landes-Sortenversuchswesen aufzubauen. Dabei stehen neben wirtschaftlichen Überlegungen vor allem die Möglichkeiten der integrativen und interdisziplinären Nutzung der Versuchsergebnisse im Vorder-

grund. Derzeit werden konzeptionelle Vorstellungen zur Erweiterung und vor allem effektiveren Nutzung des Versuchsfeldes entwickelt.
Ziel dieser Konzeption wird es sein, das Versuchsfeld so zu gestalten, daß es langfristig den Anforderungen der Umweltforschung sowie der Forschung auf den Gebieten Pflanzenzüchtung, Acker- und Pflanzenbau genügt und ein breites Spektrum für Experimente auf dem Gebiet Boden- und Biozönoseforschung bietet.

8.3 Nationale und internationale Zusammenarbeit

Voraussetzung für eine erfolgreiche wissenschaftliche Arbeit ist in jedem Falle eine enge Zusammenarbeit mit Partnereinrichtungen auf nationaler und internationaler Ebene. Nachdem in der Vergangenheit aus politischen Gründen Kontakte zur Bundesrepublik und zu west- und außereuropäischen Ländern ausgeschlossen waren, galt es nun, so schnell wie möglich den Anschluß zu finden. Unmittelbar nach Öffnung der Grenzen wurden Kontakte zu Universitäten und außeruniversitären Einrichtungen der "alten" Bundesländer geknüpft. Aufgrund des kollegialen Entgegenkommens einiger Wissenschaftler in diesen Einrichtungen kam es sehr schnell zu Begegnungen und zur Zusammenarbeit auf vielen Gebieten, was z. T. auch zu gemeinsamen Forschungsprojekten führte. Bereits 1990 wurde anläßlich der Wintertagung der "Internationalen Arbeitsgemeinschaft Bodenfruchtbarkeit" unter Leitung von Prof. Dr. Dr. v. BOGUSLAWSKI ein Dauerversuch, der 1978 in Bad Lauchstädt angelegt worden war, in die Reihe der "Internationalen organischen Stickstoffdauerdüngungsversuche" (IOSDV) integriert und damit eine ständige Mitarbeit in dieser Arbeitsgemeinschaft begründet.
Schon bald ergab sich auch die Möglichkeit, persönliche Kontakte zum Institut of Arable Crop Research (IACR) in Rothamsted (UK) aufzunehmen. Dieses Institut verfügt über die ältesten und bekanntesten Dauerfeldversuche der Welt. Das gemeinsame Interesse an der Nutzung von Dauerversuchsergebnissen für die Agrar- und Umweltforschung führte zu einem gemeinsamen Forschungsprojekt im Rahmen der Europäischen Union, an dem neben Rothamsted und Bad Lauchstädt auch das Institut für Pflanzenproduktionsforschung in Prag und die Universität Warschau beteiligt sind.
Im Rahmen von Zusammenarbeitsverträgen konnten auch die seit 1976 bestehenden Beziehungen zum Institut in Prag und die im Jahre 1980 begonnene Kooperation mit dem Dokutschajew-Institut für Bodenkunde in Moskau wieder aktiviert werden.

8.4 Ergebnisse der wissenschaftlichen Arbeiten

Die Arbeiten der Sektion Bodenforschung sind in den regelmäßig zusammengestellten Jahresberichten sowie in zahlreichen Veröffentlichungen dargestellt. 1992 wurde anläßlich des 150jährigen Geburtstages von MAERCKER und des 90jährigen Bestehens des Statischen Düngungsversuches Bad Lauchstädt ein Symposium zum

Thema "Dauerfeldversuche und Nährstoffdynamik" mit internationaler Beteiligung durchgeführt. Die Beiträge sind in einem Tagungsbericht zusammengefaßt.
1994 wurde unter dem Titel "Der Statische Düngungsversuch Bad Lauchstädt nach 90 Jahren - Einfluß der Düngung auf Boden, Pflanze und Umwelt" ein Buch herausgebracht, in dem auch eine Übersicht über 240 Dauerfeldversuche der Welt enthalten ist.
Mit dem Simulationsmodell "Carbon- and Nitrogen Dynamics" (CANDY) konnten erste Arbeiten zur Simulation von Bodenprozessen in Agrarlandschaften unter Berücksichtigung möglicher Klimaänderungen vorgenommen und die Darstellung ökologischer Zustandsgrößen von Agrarlandschaften ermöglicht werden.
Durch neue methodische Ansätze war es möglich, den für den N-Kreislauf entscheidenden N-Eintrag aus der Atmosphäre auf direktem Wege zu quantifizieren. Unter Berücksichtigung der gasförmigen Deposition ergaben sich N-Mengen von > 50 kg/ha.a. Diese Mengen konnten auch auf indirektem Wege über den N-Entzug der Nullparzellen des Statischen Düngungsversuches bestätigt werden.-
An dem vom Bundesministerium für Forschung und Technologie geförderten Forschungsverbundprojekt "Strategien zur Regeneration belasteter Agrarökosysteme des Mitteldeutschen Schwarzerdegebietes" (STRAS) war die Sektion mit vier von insgesamt 13 Teilprojekten beteiligt. Die Untersuchungen konnten u.a. nachweisen, daß bei ausschließlicher Anwendung von Mineraldüngerstickstoff unter Beachtung des gegenwärtigen Kenntnisstandes positive Kohlenstoff- und Stickstoffbilanzen, d.h. hoher C-Gewinn bei geringen N-Verlusten, erreicht werden können. Gleichzeitig wurde begründet, daß Kohlenstoff und Stickstoff im Boden einen relativ eng begrenzten ökologischen Optimalbereich haben, der unter den untersuchten Bedingungen zwischen 0.2 und 0.7 % C (bzw. 0.02 und 0.07 % N) liegt.
Im Ergebnis der Auswertung langjähriger Meßreihen zum Wasser- und Stickstoffhaushalt von acht Bodenformen in der Lysimeteranlage Brandis konnte die Speicherkapazität des Bodens an pflanzenverfügbarem Wasser in der durchwurzelten Zone als wichtigster Einflußfaktor auf die Höhe und die Dynamik der Grundwasserneubildung ermittelt werden. Für den Nähr- und Schadstoff Stickstoff ist abzuleiten, daß der beste Weg zur Verminderung der Kontamination des Sicker- und Grundwassers mit Nitrat in der Vermeidung und dem Abbau von bewirtschaftungsbedingten N-Überangeboten bei Steuerung der N-Zufuhr aus allen Quellen auf ein Optimum (nicht Minimum) besteht.
An stark mit organischen und anorganischen Schadstoffen belasteten unterschiedlichen Bodenformen der Muldenaue und der Dübener Heide wurde mit speziellen Kleinlysimetern die Bedeutung von gelösten organischen Kohlenstoffverbindungen auf den Transport von wasserunlöslichen Schadstoffen durch die ungesättigte Zone nachgewiesen.
Im Rahmen eines durch das Land Sachsen-Anhalt geförderten Projektes wurde der Einfluß von Klärschlamm auf das System Boden-Pflanze sowie Wirkungen auf bodenbiologische Faktoren im Hinblick auf einen Einsatz zur Abdeckung und Begrü-

nung von Deponien bzw. Tagebaurestflächen geprüft. Desweiteren werden Untersuchungen zum Verhalten von gewollt (Pestizide) bzw. nicht gewollt (Industrie und ubiquitär vorkommende Schadstoffe) in den Boden gelangten organischen Schadstoffen, deren Abbau im Boden bzw. deren Transfer in die pflanzliche Biomasse unter Labor- und Freilandbedingungen durchgeführt. Messungen zur Immission von ausgewählten luftgetragenen organischen Schadstoffen dienen der Korrelierung von Immissionsdaten zur tatsächlichen Deposition dieser Stoffe.
Innerhalb der Untersuchungen zum biologischen Abbau organischer Schadstoffe wurde das Umsetzungsverhalten von Terbuthylazin in Abhängigkeit von der Bodenart und dem Humusgehalt des Bodens sowie seine Wirkung auf bodenbiologische Parameter geprüft.
Dabei zeigte sich, daß die Abbaubarkeit von Terbuthylazin über eine C-Mineralisierung sehr gering ist.- Eine Beeinflussung der mikrobiellen Biomasse und der Enzymaktivitäten Dehydrogenase, alkalische Phosphatase und ß-Glucosidase war auch bei höheren Aufwandmengen nicht nachzuweisen. Auf die Nitrifikation scheint Terbuthylazin eher stimulierend zu wirken.
Untersuchungen zur N-Dynamik von Segetal- und Ruderalzönosen auf güllebelasteter und unbelasteter Lößschwarzerde zeigten, daß Unkräuter hohe Trockenmassen bilden und damit auch erhebliche N-Mengen aufnehmen können. Der N-Konservierungseffekt war in Getreide bis 4 g N/m^2 gering, in Mais bis 12 g N/m^2 hoch. Im Gefäßversuch nahm Mais nach Einmulchen des Unkrautes im 4-Blatt-Stadium des Maises ca. 40 % des unkrautbürtigen N wieder auf. Auf Dauerbrachen wurden 100-200 dt TM/ha Sproß gebildet und damit 200-300 kg N/ha aufgenommen. Hohe N-Mengen bis 280 kg N/ha sind zusätzlich in der Streu festgelegt. Auch nach 4 Jahren Brache ist noch kein Gleichgewicht zwischen Streubildung und -abbau eingetreten. Die Streuvorräte stiegen auf den güllebelasteten Parzellen auf 1 300 g TM/m^2, auf den unbelasteten Parzellen auf über 700 g TM/m^2.

8.5 Der Weg in das nächste Jahrhundert

Im Jahr des hundertsten Geburtstages der Forschungsstätte Bad Lauchstädt kann eine positive Bilanz gezogen werden. Die Einrichtung, und vor allem der Statische Düngungsversuch, haben beide Weltkriege überstanden und bieten nun auch die Voraussetzungen für eine erfolgreiche, wissenschaftliche Arbeit im folgenden Jahrhundert. Wie bereits erwähnt, ist der Standort Bad Lauchstädt für das Umweltforschungszentrum nur eine Übergangslösung bis zur Realisierung eines Neubaus in Halle. Damit stünde wieder die Frage: Was wird aus Bad Lauchstädt?
Nach dem gegenwärtigen Stand des Wissens und der Vorbereitungen wird 1997/98 der Umzug der gegenwärtig in Bad Lauchstädt arbeitenden Sektionen in einen Neubau nach Halle stattfinden. Die experimentellen Einrichtungen, das Versuchsfeld, die Gefäßversuchsstation, Gewächshäuser und das Biotechnikum werden auch zukünftig dem UFZ als Außenstelle zugehören.

Im Ergebnis mehrerer Absprachen zwischen dem Land Sachsen-Anhalt, dem Umweltforschungszentrum Leipzig-Halle und der Landwirtschaftlichen Fakultät der Martin-Luther-Universität Halle wird letztere die freiwerdenden Kapazitäten in Bad Lauchstädt übernehmen. Damit können die Probleme der Landwirtschaftlichen Fakultät in Halle gelöst werden, die darin bestehen, daß der Standort der Pflanzenzüchtung in Hohenthurm und die Versuchsstation Seehausen mittelfristig aufgegeben werden müssen.
Beide Einrichtungen werden in Bad Lauchstädt Platz finden, wozu die gegenwärtigen Gebäude durch einige Neubauten ergänzt werden sollen. Das Versuchsfeld wird, so wie gegenwärtig bereits praktiziert, gemeinsam betrieben.
Mit dieser angestrebten Lösung erhält die Forschungsstätte Bad Lauchstädt wieder eine langfristige Perspektive auf dem wissenschaftlichem Gebiet, das hier seit hundert Jahren bearbeitet wird. Dabei wird eine enge Zusammenarbeit zwischen dem UFZ und der Universität sehr fruchtbar und erfolgreich sein und auch in dieser Hinsicht an frühere Traditionen anknüpfen.
Es bleibt zu hoffen und zu wünschen, daß der Forschungsstätte Bad Lauchstädt auch im zweiten Jahrhundert ihres Bestehens eine erfolgreiche, wissenschaftliche Arbeit zum Wohle der Menschheit in einer friedlichen Zeit beschieden sein möge.

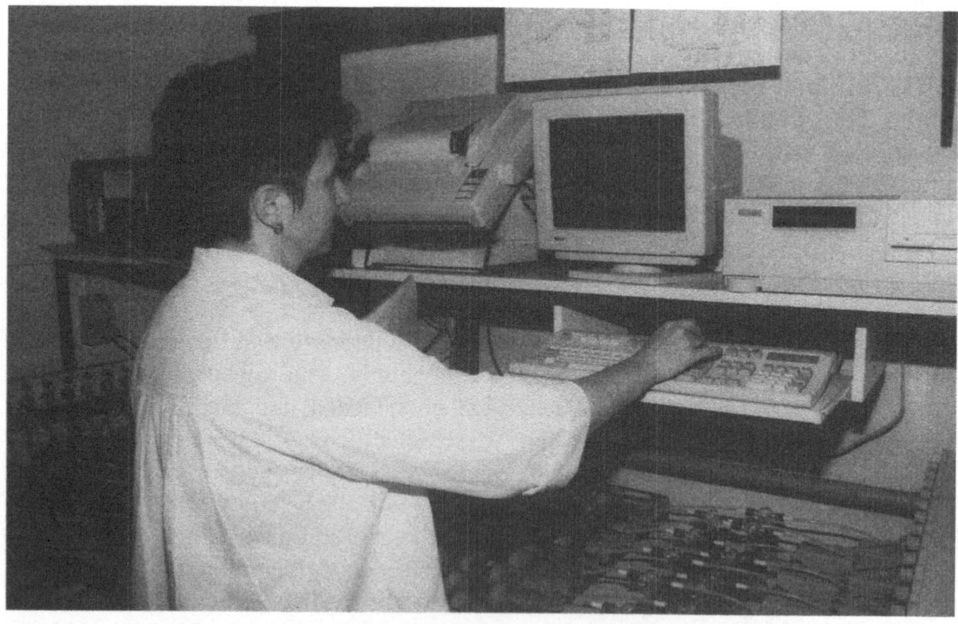

Abbildung 16 Blick in eines der modern ausgestatteten Laboratorien (Foto: Neuheiser)

Abbildung 17 MAERCKER-Gedenkstein auf dem Versuchsfeld Bad Lauchstädt, errichtet 1904 (Foto: Neuheiser)

Anlage 1 Zeittafel

1855
Einrichtung der ersten preußischen agrikulturchemischen Versuchsstation in Großkmehlen

November 1859
die Versuchsstation wird nach Salzmünde bei Halle verlegt

November 1865
die Versuchsstation siedelt nach Halle a. S. über

Oktober 1871
Dr. Max MAERCKER wird zum Leiter der agrikulturchemischen Versuchsstation in Halle ernannt

April 1876
die Versuchsstation bezieht ein eigenes für ihre Zwecke errichtetes Gebäude in der Gustav-Nachtigall-Straße (heute H.- u. Th.-Mann-Str. 19)

Januar 1877
die agrikulturchemische Versuchsstation wird einer Samen-Prüfungsstation angegliedert

1877 bis 1889
werden Feldversuche in größerem Umfang in der landwirtschaftlichen Praxis durchgeführt

1888
wird eine Vegetationsstation in Diemitz bei Halle errichtet

Januar 1889
eine Filiale, eine agrikulturchemische Versuchsstation, wird in Magdeburg eingerichtet

1892
wird Max MAERCKER zum ordentlichen Professor an die Philosophische Fakultät der Universität Halle-Wittenberg berufen

1895
am 1. Oktober gründete MAERCKER die Versuchswirtschaft in Bad Lauchstädt

Frühjahr 1901
die Vegetationsstation wird von Diemitz bei Halle an das Versuchsfeld in Bad Lauchstädt verlegt. Damit wird das erste Gebäude, um das sich alle weiteren Baulichkeiten gruppieren, errichtet.

März 1902
nach dem Tode MAERCKERs wird die Versuchsstation in Halle geteilt in
eine agrikulturchemische Versuchsstation, verbunden mit der Versuchswirtschaft in Bad Lauchstädt und eine agrikulturchemische Kontrollstation in Halle.

Herbst 1902
SCHNEIDEWIND und GRÖBLER legen den heute weltbekannten Statischen Düngungsversuch an

1916
ist das letzte Jahr mit Fütterungsversuchen in Bad Lauchstädt

1926
erscheint die erste Jubiläumsschrift von Dr. MÜNTER, Assistent und Nachfolger SCHNEIDEWINDs, zusammen mit Dr. B. HEINZE "30 Jahre Versuchswirtschaft Lauchstädt"

1931
wird das Hauptgebäude mit einem chemischen Laboratorium direkt am Versuchsfeld Bad Lauchstädt errichtet. Die Oberleitung dieser Versuchsanstalt erfolgt weiterhin durch Dr. HAHNE von Halle aus.

1938 bis 1942
leitet Prof. W. SELKE die Forschungsstätte.

1945
wird nach Kriegsende die Versuchsanstalt zur "Landesversuchsanstalt der Landesregierung Sachsen/Anhalt" erklärt.

1953
wird nach 50jähriger Trennung die landwirtschaftliche Forschungsstätte in Bad Lauchstädt wieder mit dem Landwirtschaftlichen Untersuchungsamt (ehemals agrikulturchemische Kontrollstation) Halle zum "Institut für landwirtschaftliches Versuchs- und Untersuchungswesen Halle-Lauchstädt" zusammengeschlossen und von der Deutschen Akademie der Landwirtschaftswissenschaften zu Berlin übernommen.

1962
werden durch eine Neuordnung die beiden in Halle befindlichen Abteilungen (B - Saat- und Pflanzgutuntersuchungen, C - Landwirtschaftlich-chemisches Untersuchungswesen) und die Versuchsstationen von der Forschungsstätte Bad Lauchstädt abgetrennt. Diese erhält als "Institut für Saatgut- und Ackerbau" ein teilweise neues Profil.

1963
wird im genannten Institut ein "Archiv für Feldversuchsergebnisse" eingerichtet

1966
führen die guten Erfahrungen bei der Koordinierung der Feldversuche zur Bildung einer KOORDINIERUNGSSTELLE, im gleichen Jahr (1966) wir das Institut zum Leitinstitut für das Feldversuchswesen bestimmt

1970
wird die Forschungsstätte Bad Lauchstädt als Zweigstelle, drei Jahre später als Bereich in das Institut für Acker- und Pflanzenbau bzw. in das Forschungszentrum für Bodenfruchtbarkeit Müncheberg eingeordnet

1975
wird die Koordinierungsstelle aus dem Bereich Bad Lauchstädt ausgegliedert

1991
am 12. Dezember wird das UFZ - Umweltforschungszentrum Leipzig-Halle GmbH gegründet und Bad Lauchstädt als vorläufiger Sitz der Sektionen Bodenforschung, Hydrogeologie und Biozönoseforschung gewählt.

Anlage 2 Bezeichnung und übergeordnete Institution der Forschungsstätte Bad Lauchstädt im Zeitraum 1895-1995

Jahr	Bezeichnung der Forschungsstätte	übergeordnete Institution
1895	Versuchswirtschaft	Landwirtschaftlicher Zentralverein für die Prov. Sachsen
1896	Versuchswirtschaft	Landwirtschaftskammer für die Provinz Sachsen
1931	Versuchsanstalt für Pflanzenbau	Landwirtschaftskammer für die Provinz Sachsen
1933	Landwirtschaftliche Versuchsanstalt	Landesbauernschaft Sachsen-Anhalt
1945	Landesversuchsanstalt	Landesregierung Sachsen-Anhalt
1951	Forschungsstelle für Acker- und Pflanzenbau	Deutsche Akademie der Landwirtschaftswissenschaften zu Berlin
1953	Institut für landwirtschaftliches Versuchs- und Untersuchungswesen Halle-Lauchstädt	Deutsche Akademie der Landwirtschaftswissenschaften zu Berlin
1962	Institut für Saatgut und Ackerbau Halle-Lauchstädt	Deutsche Akademie der Landwirtschaftswissenschaften zu Berlin
1970	Institut für Acker- und Pflanzenbau Müncheberg, Zweigstelle Bad Lauchstädt	Deutsche Akademie der Landwirtschaftswissenschaften zu Berlin
1973	Forschungszentrum für Bodenfruchtbarkeit Müncheberg, Bereich Bad Lauchstädt	Umbenennung in: AdL "Akademie der Landwirtschaftswissenschaften der DDR" ab Januar 1972
1992	UFZ-Umweltforschungszentrum Leipzig-Halle GmbH, Außenstelle Bad Lauchstädt	

Anmerkung:
Die Provinz Sachsen hatte als erste Provinz der damaligen preußischen Monarchie am 30. Januar 1896 die "Landwirtschaftskammer" errichtet. Diese war Rechtsnachfolgerin des Landwirtschaftlichen Zentralvereins für die Provinz Sachsen.

Anlage 3 Mitglieder der Landwirtschaftlichen Versuchsvereinigung von Bad Lauchstädt und Umgebung

Name	Ort	Größe in 1/4 ha
Beck, Oskar	Holleben	220
Boeker, Heinrich	Raschwitz	800
Bienert, Paul	Schotterey	300
Boltze, Alfred	Nordklobikau	160
Brandt, Wilhelm	Ostklobikau	380
Breyther, Karl	Bad Lauchstädt	250
Busch, Paul	Burgstaden	200
Dietrich, Paul	Bad Lauchstädt	100
Frauendorf, Friedrich	Knapendorf	170
Gorre, Paul	Bad Lauchstädt	200
Hochheim, Gebhard	Knapendorf	160
Hoffmann, Louis	Milzau	145
Hülsse, Kurt	Wünschendorf	600
Lachner, Richard	Knapendorf	160
Lauterbach, Karl	Bad Lauchstädt	110
Nettesche Gutsverwaltung	Schafstädt	450
Otto, Oskar	Nordklobikau	115
Ratsch, Paul	Geusa	100
Scheiding, Bernhard	Ostklobikau	200
Schnaeuzer, Richard	Klein Gräfendorf	130
Schimpf, Hugo	Groß Gräfendorf	335
Schröter, Otto	Schotterey	200
Vogel, Karl	Nordklobikau	170
Wegeleben, Arno	Schotterey	220
Weisshahn, Karl	Schadendorf	100
Weisshahn, Oskar	Ostklobikau	160
Vogel, Richard	Holleben	200

Anlage 4 Dissertationen und Habilitationen von Mitarbeitern der Forschungsstätte Bad Lauchstädt

1. Dissertation A:

BAHN, E.: Beitrag zur Methodik der sekundären Auswertung von Feldversuchsergebnissen unter Verwendung von agrarmeteorologischen Daten.- 1973.- 66 S.- AdL, Berlin

BUS, E.: Einfluß unterschiedlicher organischer Dünger auf Ertrag und ausgewählte Bodeneigenschaften, untersucht in einem Dauerdüngungsversuch auf Lößschwarzerde.- 1985.- 108 S.- AdL Berlin

FRANKO, U.: Entwicklung und Erprobung einer Meßapparatur zur Bestimmung der CO_2-Exhalation des Bodens unter Feldbedingungen sowie einige Modellvorstellungen zur Umsatzdynamik der organ.Bodensubstanz.- 1981.- 69 S.- AdL Berlin

HEINZE, G.: Untersuchungen über den Einfluß der Stickstoffdüngung in Abhängigkeit von Wasserversorgung auf die Ertragskomponenten, den Saatgutertrag und die Saatgutqualität bei Wiesenschwingel (Festuca pratensis, Huds.).- 1972.- 84 S.- AdL Berlin

KLIMANEK, E.-M.: Untersuchungen zur Physiologie und Ökologie des in Lößschwarzerde vorkommenden Bac. cereus var. mycoides (Flügge) und seine Beziehungen zu Merkmalen der Bodenfruchtbarkeit.- 1972.- 102 S.- AdL Berlin

KÖRSCHENS, M.: Die Anbauwürdigkeit der Stoppelfrüchte auf besseren Sandböden in der Altmark.- 1965- 170 S.- HfL Bernburg

KÜHN, G.: Die Produktion von Luzernesaatgut unter besonderer Berücksichtigung eines in der DDR möglichen Produktionsverfahren.- 1965.- 249 S.- ADL Berlin

MARTIN, H.: Verbesserung des Verfahrens der mechanisierten Mietenkompostierung durch die Einordnung einer Düngestoffaufbereitungsmaschine einschl. Ableitung ihrer Grundkonzeption sowie technischer Lösungen zur Ausbildung und Führung der Arbeitswerkzeuge.- 1981.- 95 S.- AdL Berlin

MICHEL, D.: Ermittlung von Vorfruchtwirkungen und ihre Beeinflussung durch Standortfaktoren und ausgewählten agrotechnischen Maßnahmen an Hand statistischer Unterlagen.- 1973.- 128 S.- Univ. Halle

PFEFFERKORN, A.: Einfluß extrem hoher Ct- und Nt- Gehalte im Boden auf N-Entzug, N-Verlagerung und Bodeneigenschaften auf Löß-Schwarzerde.- 1990.- 113 S.- Univ. Halle

REINHARDT, A.: Untersuchungen über den Einfluß differenzierter Grundbodenbearbeitung innerhalb der Fruchtfolge auf einem Tieflehm-Braunerdestaugley.- 1973.- 68 S.- AdL Berlin

ROSTOCK, E.: Aufbau und Nutzung des "Datenspeichers Schlagbezogene Kennzahlen" , Teildatenspeicher Kartoffeln.- 1983.- 90 S.- AdL Berlin

SCHULZ, E.: Einfluß organ. Primärsubstanz und der organ. Sustanz des Bodens auf den inneren Kreislauf des Stickstoffs im Boden.-1986.- 105 S.- AdL Berlin

SIEWERT, Ch.: Erarbeitung einer Methode zur Quantifizierung und Charakterisierung der Umsetzbarkeit der organ. Substanz des Bodens.- 1988.- 142 S.- Univ. Moskau und AdL Berlin

STEFFEN, J.: Technologisch-ökonomische Bewertung von Verfahren der Hausmüllkompostierung zur landwirtschaftl. Kompostverwertung unter Berücksichtigung ihrer Einordnung in veränderliche territoriale Bedingungen.- 1985.- 96 S.- Adl Berlin

STELZNER, Ch.: Über den Einfluß versch. Aussaatmethoden auf die Ertragshöhe und Ertragssicherheit der Luzerne zur Futtergewinnung. - 1965.- 122.- HfL Bernburg

STIELICKE, H.: Vierjährige Ergebnisse der Nutzung des "Datenspeichers Schlagbezogene Kennzahlen - Zuckerrüben" zur Produktionsdurchführung unter Berücksichtigung der Reprod. der Bodenfr. sowie Schlußfolgerungen zur Verbesserung der Datenerfassung und Auswertung mit der Normativschlagkartei.- 1980.- 82.- AdL Berlin

ULLRICH, R.: Möglichkeiten und Stand der Nutzung des Datenspeichers "Schlagbezogene Kennzahlen" für überbetriebliche Vergleiche - dargestellt am Beispiel der Speisekartoffelprod. im Bez. Erfurt/Halle.- 1977.- 117 S.- Univ. Halle

WESCHCKE, H.: Untersuchungen zum Einfluß ausgewählter ackerbaulicher u. meliorativer Maßnahmen auf die Erhöhung der Bodenfruchtbarkeit und Erträge in PE der LPG Albersroda einschließlich der Überleitung auf den Gesamtbetrieb sowie Vorschläge für die Auswertung der Ergebnisse, dokumentiert auf der SK 1.- 1985.- 156 S. - AdL Berlin

ZENKER, M.: Untersuchungen zum Bedarf und zur Ausnutzung von Bodenbearbeitungsmaschinen sowie zur Organisation der Bodenbearbeitung unter Berücksichtigung der weiteren Konzentration und Spezialisierung in der Pflanzenprod.- 1977.- 218 S.- Univ. Halle

2. Dissertation B (Habilitation)

ANSORGE, H.: Untersuchungen zu einigen Problemen der organ. Düngung.- 1965.- 149 S.- Univ. Halle-Wittenberg

BÄTZ, G.: Untersuchungen zur Erhöhung der Aussagekraft von Feldversuchen.- 1968.- S.- Univ. Jena

BUHTZ, E.: Ackerbauliche und technische Lösungen zur Strohdüngung.- 1979.- 210 S.- AdL Berlin

FRANKO,U.: C- und N- Dynamik beim Einsatz organischer Substanzen im Boden.- 1989.- 140 S.- AdL Berlin

KLIMANEK, E.-M.: Qualität und Umsetzungsverhalten von Ernte- und Wurzelrückständen landwirtschaftlich genutzter Pflanzenarten.- 1988.- 177 S.- AdL Berlin

KÖRSCHENS, M.: Die Abhängigkeit der organ. Bodensubstanz von Standortfaktoren und acker- u. pflanzenbaul. Maßnahmen, ihre Beziehungen zu Bodeneigenschaften u. Ertrag sowie Ableitung von ersten Bodenfruchtbarkeitskennziffern für den Gehalt des Bodens an organ. Substanz.- 1981.- 115 S.- ADL Berlin

KÜHN, G.; STEGEMANN, K.: Untersuchungen zur Erweiterung und Verbesserung der Nutzungsmöglichkeiten der einheitlichen, EDV-gerechten Schlagkartei und des "Datenspeichers Schlagbezogene Kennzahlen" (DASKE) für die Intensivierung der Getreideprod.- 1982.- 173 S.- AdL Berlin

RÜTHER, H.: Ertragssteigerung beim Leguminosen-Anbau auf unseren leichten Böden.- 1958.- Univ. Halle-Wittenberg

WISSING, P.: Untersuchungen zur Ermittlung ökonomischer Effekte der organ. Düngung.- 1979.- 155 S.- AdL Berlin

Anlage 5 Entwicklung der Bauten der Forschungsstätte und Lageskizze

Mit der Gründung der Versuchswirtschaft Lauchstädt wurde dieser das seinerzeit Amtsrat v. ZIMMERMANN gehörige ehemalige LAUTERBACH'sche Grundstück (heutiger alter Versuchswirtschaftshof in der E.-Thälmann-Str.) für Versuchszwekke, Fütterungsversuche sowie Versuche der Stallmistproduktion und -konservierung gegen einen jährlichen Mietpreis (1 200.- M) zur Verfügung gestellt (s. 1. Bericht über die Versuchswirtschaft Lauchstädt, S. 17).
Eine **Feldscheune (1)** an der südwestlichen Ecke des Statischen Versuchs wurde 1897 von der damaligen Versuchswirtschaft erworben. V. ZIMMERMANN ließ sich dafür eine neue, die in östlicher Richtung gelegene Feldscheune bauen (vgl. 2. u. 3. Bericht über die Versuchswirtschaft Lauchstädt, S. 6).
Im Frühjahr 1901 wurde die **Vegetatonsstation (2)** von Halle a. S. nach Lauchstädt verlegt, im Jahre 1931 entstand das **Institutsgebäude (3)** (jetziges Hauptgebäude).
Zu der Feldscheune am Statischen Versuch kam 1933 ein **Maschinenschuppen (4)** und später ein **Düngerschuppen (5)** dazu.
Dem vorstehend genannten Hauptgebäude konnte 1952 ein weiteres **Laborgebäude (6)** für bodenphysikalische Untersuchungen hinzugefügt werden.
1953/54 wurden durch Aufstockung der Seitenflügel des Institutsgebäudes zwei Wohnungen bezugsfertig. 1956 erfolgte der Bau eines **Wohnhauses (7)** für vier Familien, zwei Jahre später (1958) ist ein **weiteres Wohnhaus (8)** und im Jahre 1966 das **Mehrzweckgebäude** mit Versammlungsraum errichtet worden.
Ein **Flachbau (9)** mit Unterkunft und Arbeitsräumen für die Mitarbeiter der Arbeitsgruppe Feldversuche sowie Lagerräume, vor allem für Saatgut, wurde 1968 fertiggestellt und in Betrieb genommen.
1968 wurde auch eine **Maschinenhalle (10)** mit Werkstatt errichtet, der sich 1970 acht Garagen anschlossen.
Die in der Nähe der Baracke befindliche **Kläranlage (11)** wurde bereits 1955 gebaut und der davorliegende **Feuerlöschteich** 1962 angelegt. Eine **"Schiebe-Halle"(12),** die eigentlich Versuchszwecken dienen sollte (z.B. zum Abfangen natürlicher Niederschläge), wurde 1972 errichtet.
Ein **Heizhaus (13)** mit Heizungskanal für alle Gebäude, einschließlich der beiden Wohnhäuser, wurde 1975 fertiggestellt und in Betrieb genommen, 1981 ein **Pförtnerhaus** am Hauptgebäude angebaut.
Am 1.7.1985 wurde mit dem Bau eines **Laborgebäudes (14)** begonnen, das am 2.11.1987 übergeben werden konnte.
Der Bau einer Halle mit Warm- und Kalttrakt zur Installation eines **Biotechnikums (15)** erfolgte im Zeitraum 1987 bis 1988.
Nach der Wiedervereinigung Deutschlands wurden die wichtigsten Gebäude neu ausgestattet und die Analysentechnik modernisiert. Im Herbst 1993 konnte das

Heizhaus auf Erdgas umgestellt werden. Zur Überbrückung des Arbeitsplatzmangels wurden zusätzlich Container für Labor- und Schreibtischarbeiten aufgestellt.
Im Mai 1994 konnten die Arbeiten in der neu errichteten **Gefäßversuchsstation (16)** aufgenommen werden.

Lageskizze

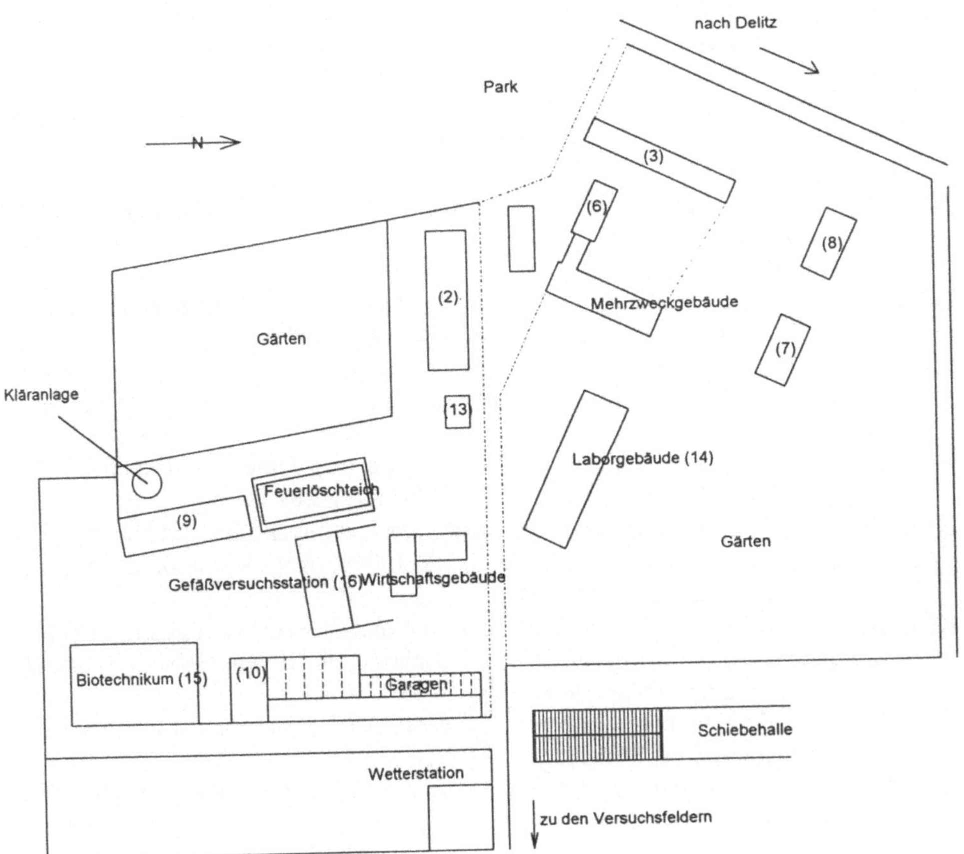

Literatur

AEREBOE, F.: Betriebswirtschaftliche Vorträge aus dem Gebiet der Landwirtschaft. Neue Düngerwirtschaft ohne Auslandphosphate. Paul Parey Verlag, Berlin 6 (1922), 52 S.

BÄTZ, G.: Untersuchungen zur Erhöhung der Aussagekraft von Feldversuchen. Habilitationsschrift, Friedrich-Schiller-Universität Jena, 1968

BETHMANN, W.: Die Entwicklung der Saatgutuntersuchungen, 80 Jahre Samenprüfstelle Halle (Saale). In: Festschrift anläßlich des 60jährigen Bestehens der Landwirtschaftlichen Kontrollstation (Untersuchungsamt) Halle a.S. Zeitschr. für landw. Versuchs- und Untersuchungswesen, 2 (1956) 1/2, S. 37-46

FELBER, G.: Die betriebswirtschaftlichen Verhältnisse in der Provinz Sachsen. In: Arbeiten der Landwirtschaftskammer für die Provinz Sachsen, Halle a.S. 31 (1914), S. 213 224

GERLACH, M.: Das landwirtschaftliche Versuchswesen und die Tätigkeit der landwirtschaftlichen Versuchsstationen Preußens in den Jahren 1906 bis 1910. Berlin (1912), 317 S.

GRÖBLER, W.: Die Versuchswirtschaft Lauchstädt. In: Lauchstädter Nachrichten - Amtsblatt, Jubiläumsausgabe Nr. 128, Lauchstädt 1930

HAHNE, J.: Die Organisation des Versuchswesens in der Provinz Sachsen. In: Landwirtschaftliche Wochenschrift für die Provinz Sachsen vom 19. Januar 1927, S. 44-45

HEIDEN, E.: Leitfaden der gesamten Düngerlehre und Statik des Landbaues. 3. Auflage, Verlag von Ph. Cohen, Hannover (1892), 287 S.

HEINZE, B.: Die Ergebnisse der Hallischen Untersuchungen über die Brache (Zusammenfassender Bericht über die Jahre 1904-1909). Sonderdruck aus der D.L.G.-Arbeit "Brachefeldversuche", 1925

KRÜGER, W.: Über mikrobiologische Vorgänge und ihre Beziehungen zur Bodenbearbeitung und Düngung. In: Neuere Erfahrungen auf dem Gebiet des Acker- und Pflanzenbaues, Halle a.S. (1906), S. 61

MAERCKER, M.: Raubbau und Statik (Bodenhaushalt). In: Handwörterbuch der Staatswissenschaften. 2. Auflage, 5 (1901), S. 344-354

MAERCKER, M.: Landwirtschaftliche Versuchsanstalten. In: Die Landwirtschaftskammer für die Prov. Sachsen zu Halle a.S.. Paul Parey Verlag, Berlin (1901), S. 152-223

MÜNTER, F.: Arbeiten der agrikulturchemischen Versuchsstation Halle a.S., Paul Parey Verlag, Berlin 6 (1928), 102 S.

NEHRING, K.: Von den Landwirtschaftlichen Versuchsstationen zu den Instituten für Landwirtschaftliches Versuchs- und Untersuchungswesen. Z. für landwirtschaftliches Versuchs- und Untersuchungswesen, 1 (1955), S. 5-25

OBERDORF, F.: Wirtschaftliche Pflanzengemeinschaften im Ackerbau. Deutscher Bauernverlag Berlin, (1953), 151 S.

RIMPAU, W.: Zum Gedächtnis von Max Maercker. Jahrbuch der Deutschen Landwirtschafts-Gesellschaft, 17 (1902), S. 3-9

ROEMER, Th.: Der Feldversuch. Deutsche Landwirtschaftsgesellschaft, Berlin (1925)

ROEMER, Th.: Probleme und Fernziele der deutschen Feldwirtschaft. In: Zeitschr. für Acker- und Pflanzenbau, 91 (1949) 3, S. 265-297

RÜTHER, H.: Rückblick auf die Entwicklung des Instituts für landwirtschaftliches Versuchs- und Untersuchungswesen Halle-Lauchstädt. Zeitschr. für landwirtschaftliches Versuchs- und Untersuchungswesen, 2 (1956) 1/2, S. 6-36

RÜTHER, H.: Aufgaben des landwirtschaftlichen Feldversuchswesens in der Deutschen Demokratischen Republik. In: Feldwirtschaft, 8 (1967) 6, S. 302-304

SCHNEIDEWIND, W.: Parzellengrößen-Versuche - Untersuchungen über die Brauchbarkeit verschieden angelegter Parzellen bei Düngungsversuchen und die Wahrscheinlichkeitsrechung. Arbeiten der Deutschen Landwirtschaftsgesellschaft, 296 (1919), 51 S.

Personenverzeichnis

Sachwortverzeichnis